Katalog der Reichsbahn-Einheitslokomotiven

84 004
ORENSTEIN & KOPPEL A.G.
1935
BERLIN-DREWITZ

Alfred B. Gottwaldt

Katalog der Reichsbahn-Einheitslokomotiven

Dokumentation:
Alle Typen in Wort und Bild

Mit Beiträgen von Werner Fricke,
Albert Mühl und Friedrich Witte (†)

179 Fotografien und 72 Zeichnungen

Franckh'sche Verlagshandlung Stuttgart

Schutzumschlag gestaltet von Edgar Dambacher unter Verwendung von zwei Abbildungen aus dem Verkehrsmuseum Nürnberg. Sie zeigen in Foto und Skizze die Einheitslokomotive 02 006 mit dem 5,8-Meter-Kessel.

Abbildung Seite 2: Frontpartie der Steilstrekken-Tenderlokomotive 84 004, gebaut 1935 von Orenstein & Koppel. Das typische „Gesicht der Einheitslok", auffällig aber die zahnradgekuppelten Endradsätze nach System Luttermöller.

Inhalt

Vorbemerkung

Die Einheitslokomotiven der alten Reichsbahn und die von ihnen abgeleiteten Neubaumaschinen der beiden deutschen Nachkriegs-Bahnverwaltungen gelten heute vielen Freunden der Eisenbahn als die Dampflokomotiven schlechthin; vergessen scheinen alle Leistungen der frühen Privatbahnen und der Länderbahnen bis 1920. Dabei konnten die Einheitsloks nur aufgrund von – teilweise sehr guten – Erfahrungen mit den Länderbahnmaschinen entstehen, und in manchen Bereichen ist es ihnen auch kaum gelungen, ihre Vorgängerinnen bis zum Aufkommen der Dieseltraktion zu verdrängen. Wir müssen nur an die P 8 denken.

Dabei darf aber folgendes nicht vergessen werden: Über den Erfolg einer Lokomotive, mehr noch, eines Typenprogrammes, entscheidet nicht allein der Konstrukteur, sondern ebenso der Beschaffungsdezernent. Auch dieser aber wirtschaftet nicht aus freien Stücken, sondern auf der Grundlage des vorhandenen Lokomotivbestandes, der ökonomischen Situation des Landes und aufgrund politischer Vorgaben. Das war 1925 so, und das gilt noch heute.

Für die Einheitslokomotiven bedeutete das, wie im folgenden noch ausgeführt wird, von Anfang an ein schweres Handikap, denn als 1924/25 endlich baureife Zeichnungen vorlagen, waren die größten Lücken im Maschinenpark der Deutschen Reichsbahn-Gesellschaft durch den Nachbau bewährter Länderbahntypen bereits gestopft. In den folgenden Jahren ging der Verkehr nachhaltig zurück, die Einnahmen sanken, und die Reichsbahn sah sich gezwungen, sogar brauchbare Lokomotiven abzustellen. Die neuen Einheitsloks traten also nicht an die Stelle der bisherigen Typenvielfalt, sondern vermehrten diese noch. Hinzu kam, daß gegen Ende der zwanziger Jahre die Eisenbahn auf den Triebwagen für Haupt- und Nebenstrecken setzte, dessen Beschaffung den Etat für Einheits-Dampflokomotiven weiter schmälerte. Zu den relativ wenigen Schnellzug- und Nebenbahnloks kamen erst ab 1937 Einheits-Güterzugmaschinen in respektablen Stückzahlen; diese Beschaffungen im Gefolge der politischen Entwicklungen können auch nicht uneingeschränkt als positiv angesehen werden.–

Welchen Umfang die jeweiligen Gattungen in den einzelnen Jahren hatten, welche Lokomotivfabriken an ihrem Bau beteiligt waren, und wie die verschiedenen Spielarten der zahlreichen Baureihen ausgeführt waren, darüber gibt dieses Buch Aufschluß. Es faßt eine Fülle von an verstreuten Stellen veröffentlichten Daten aus der Geschichte der deutschen Einheitslokomotiven zusammen und setzt diese in Bezug zu den (vergriffenen) Folgen 3 und 4 von „Franckh's Lokbild-Archiv", worin Werkaufnahmen der einzelnen Bauartreihen enthalten waren. Aus der Verbindung von einführenden Darstellungen, Fotografien und Maßzeichnungen mit den Tabellen von Werner Fricke ist somit ein Typenkatalog entstanden, der nicht nur für den Modelleisenbahner, sondern ebenso für den Lokomotivhistoriker gedacht ist.

Diese Zusammenstellung bildet eine Ergänzung zur „Geschichte der deutschen Einheitslokomotiven", mit welcher der Verfasser die menschlichen Zusammenhänge und die technologischen Entwicklungsschritte beim Bau dieser Maschinen zu beschreiben versuchte. Erfolg und Schicksal der Einheitslokomotiven sind nicht ohne die Person von Richard Paul Wagner (1882–1953) denkbar, und hinsichtlich der Bundesbahn-Neubaulokomotiven läßt sich gleiches von Friedrich Witte (1900–1977) sagen. Bald wird sich ihr Werk nur noch in einigen Museen dem Betrachter offenbaren. Ihnen und ihrem Wirken ein kleines Denkmal zu setzen, ist eine besondere Aufgabe dieses Typenkataloges.

A. G.

Eine der erfolgreichsten Einheitslokomotiv-Gattungen: Maschine 64 511 (Jung F.-Nr. 9261/1940) mit einer Schwesterlok auf dem Hof des Erbauerwerkes in Jungenthal.

Einleitung: Knappe Beschaffungen schmälern einen großen Erfolg. Vom Schicksal der Einheitslokomotiven

Über den weiten Weg bis zur Entstehung der ersten deutschen Einheitslokomotive ist bereits viel geschrieben worden: Wir wollen hier nur noch einmal kurz die Rolle der preußischen G 12 als Gemeinschaftsbauart der deutschen Länderbahnen im Ersten Weltkrieg erwähnen, und zugleich die Erfahrungen aus dem Krieg als wichtige Triebkräfte zum Entwurf der neuen Einheitslokomotiven bei der Deutschen Reichsbahn ab 1922 bezeichnen. 1920 hatte die Reichsbahn etwa 210 verschiedene Gattungen und Untergattungen von Lokomotiven übernommen, darunter aber doch so starke Serien wie 2500 Stück P 8 oder 2300 Stück G 8^1. Die G 10 war mit 1700, die G 12 mit 1100 Stück im Bestand vertreten. Normung, Typisierung und Austauschbau waren die Merkmale eines bemerkenswerten Programmes, um dessen Ausarbeitung sich anfangs besonders die Firmen Borsig, Henschel und Maffei bemüht haben. Als es an die Aufstellung der einzelnen Zeichnungen für die Werkstatt ging, gründeten die deutschen Lokomotivfabriken ein spezielles Vereinheitlichungsbüro, das in Zusammenarbeit mit dem Reichsbahn-Zentralamt Berlin die einzelnen Loktypen schuf.
Das Programm selbst wurde im Laufe der Jahre mehrfach umgestellt, erweitert und gekürzt, weil einige Typen als nicht dringend erforderlich angesehen, andere wieder zwar nicht eingeplant waren, aber vom Betrieb nun doch verlangt wurden. Ein 1924 im „Organ für die Fortschritte des Eisenbahnwesens" veröffentlichter Nummernplan führt die folgenden Modelle auf:

Reihe	Gattung	Achsfolge	Anmerkung
01	S 36.20	2C1	h2
02	S 36.20	2C1	h4v
20	P 35.20	2C	(Ersatz P 8)
22	P 46.20	1D1	(P 10 neu)
40	G 34.20	1C	
41	G 45.20	1D	
42	G 56.20	1E	h3 (sp. 44)
43	G 56.20	1E	h2
60	Pt 35.20	1C1	
61	Pt 36.20	1C2	
62	Pt 37.20	2C2	
80	Gt 33.17	C	
81	Gt 44.17	D	
82	Gt 46.20	1D1	
83	Gt 55.20	E	
84	Gt 57.20	1E1	(sp. 85)
85	Gt 68.20	1F1	

1929 waren davon erst die Baureihen 01, 02, 24, 43, 44, 62, 64, 80, 81 und 86 sowie 87 tatsächlich ausgeführt worden. Mit der Baureihe 03 für die nicht rechtzeitig verstärkten Hauptbahnen im Norden und Osten trat 1930 die erste Maschine auf, die 1925 eigentlich nicht vorgesehen war. Für bestimmte Bergstrecken wurden ab 1932 die Reihen 84 und 85 aufgelegt, die sich noch recht gut in das Programm einfügten. Schon als stärkere Einbrüche müssen die auf Wunsch der Hauptverwaltung geschaffenen Baureihen 05, 61, 71, 89 aus den dreißiger Jahren angesehen werden, die indes nur kleine Stückzahlen erreichten.
Eine beachtliche Erweiterung erfuhr das Einheitslok-Typenprogramm um 1935 aber mit den Vorbereitungen zum Bau der Reihen 06, 41 und 45, also der „Typenreihe für veränderlichen Kuppelachsdruck". Die Züge sollten länger und schwerer werden als 1925 angenommen, und so mußte im Schnellzug- wie im Güterzugdienst für die bisherigen Spitzenreiter eine „Oberstufe" geschaffen werden.
Probleme mit den Prototypen der Reihen 06 und 45 verhinderten zunächst größere Bestellungen. Ende der dreißiger Jahre erschienen, gleichfalls ein wenig unvorhergesehen, die Dreizylinderloks der Reihen 01^{10} und 03^{10}; außerdem die „für leichte Strecken mit schlecht unterhaltenem Oberbau" entwickelte und deshalb auch für Kriegszwecke nicht ungeeignete Baureihe 50. Den jahrelang gehegten Plan einer Ersatz-P 8 realisierte man gleichzeitig mit dieser als Reihe 23. Es folgten die Kriegslokomotiven, 1950 dann die Neubauloks der DB.
Ein stattliches Typenprogramm also, aus dem allerdings viele Modelle nicht über die Anschaffung der Baumuster oder einer ersten Serie hinausgekommen sind. Die Entwicklung der Einheitsloks hat damals weltweit Aufsehen erregt und viele Bahnen zur Anlehnung an dieses Vorbild bestimmt. Es hat aber auch Ingenieure gegeben, die über die Typisierung als „Baukasten" gespottet haben, weil sie wegen ihrer strengen Baugrundsätze jede Weiterentwicklung erschwere und vielfach zu unnötigen Kompromissen zwinge. Beide Ansichten haben ihre Berechtigung.
Schon den Schöpfern der Einheitslok war klar, daß ihre Maschinen zwar mit höherer Leistung als bisher aufwarten konnten, daß aber der höhere Beschaffungspreis sich erst dann auszahlen würde, wenn ein entsprechend großer Bestand an Einheitsloks die Unterhaltung in den Werkstätten verbilligte. Das folgende Kapitel beleuchtet einmal diesen Aspekt der Einheitslok-Statistik.
Im Jahre 1925, als mit der Lokomotive 02 001 die erste der neuen Einheitslokomotiven auf den Gleisen der Deutschen Reichsbahn erschien, besaß die Verwaltung 28 247 Dampfloks, davon betriebsfähig durchschnittlich 22 313 Stück und in Ausbesserung 5 934 Stück. Betrachten wir den Bestand ein Jahrzehnt später, nämlich per 31. Dezember 1935 (in jenem Jahr feierte die Eisenbahn in Nürnberg ihren hundertsten Geburtstag): Damals verfügte die Reichsbahn zur Bewältigung ihrer Transportaufgaben über 19 940 regelspurige Dampflokomotiven und über 240 Schmalspurloks. Die Einheitslokomotiven schlugen in diesem Maschinenpark erst mit 1 119 Exemplaren oder 5,5 Prozent zu Buche, und zwar vornehmlich die Reihen 01 (165 Stück), 03 (198 Stück), 24 (68 Stück), 64 (327 Stück) und 86 (204 Stück). Es waren also bis 1935 nur der schwere und mittlere Schnellzugdienst sowie der schwere und mittlere Nebenbahndienst mit Einheitsloks in nennenswerter Anzahl versorgt worden, während im Güterzugdienst (Baureihen 43/44) oder im Rangierdienst (Reihen 80, 81, 87, 89) eigentlich nur „vorsorgliche Entwicklungen" und Beschaffungen stattgefunden hatten. Die Reichsbahn hatte bis dahin weder den Verkehr noch das Geld, um ihren Lokomotivbestand einigermaßen systematisch durch Einheitslokomotiven erneuern zu können.
In den Jahren vor dem Ersten Weltkrieg hatten die deutschen Staatsbahnen bei den rund zwanzig Lokomotivfabriken des Reiches jährlich etwa 1200 Maschinen beschafft; die Fabriken hatten über dreißigtausend Arbeiter beschäftigt. In den Jahren bis 1929 ging die Zahl der Arbeiter auf etwa 6000 zurück. Zu Lasten des Etatjahres 1929 kaufte die Reichsbahn ganze 26 Lokomotiven, davon 23 Einheitsmaschinen. Ausgemustert wurden 1924 noch 1515 Lokomotiven, 1929 immerhin 525 Loks und 1930 auch 497 Stück. Noch 1931 standen im Jahresdurchschnitt etwa 1500 Lokomotiven in betriebsfähigem Zustand auf dem Abstellgleis, weil es an Verkehr fehlte.
Den „Aderlaß" durch die Kriegsverluste bis 1918 und die Ablieferungen aufgrund des Waffenstillstandsvertrages hatte die Reichsbahn in den Jahren 1920 bis 1924 durch Beschaffung von einigen tausend Länderbahnlokomotiven in jüngerer Ausführung („Reichsbahnbauarten") ausgeglichen, als neuere Konstruktionen noch nicht festgelegt waren, als aber die vormaligen Rüstungswerke unbedingt beschäftigt werden mußten. Die langwierige, sorgfältige Vorbereitung der Einheitsloks hat damit in gewisser Weise auch zu ihrem Scheitern beigetragen. Parallel dazu hatte die – mit dem Namen des Geheimrates Peter Kühne aus der Haupt-

verwaltung verbundene – Reorganisation des Werkstättendienstes dazu geführt, daß die einzelne Lok in kürzerer Zeit ausgebessert werden konnte und außerdem zwischen zwei Untersuchungen höhere Laufleistungen (rund 100 000 km, die Einheitsloks um 250 000 km) erreichte, insgesamt also dem Betrieb viel länger zur Verfügung stand als früher. Dabei war übrigens die Zahl der Reichsbahn-Ausbesserungswerke zwischen 1920 und 1927 schon von 110 auf 85 reduziert worden. Auch die Reichsbahn konnte ihre vielen Werkstättenarbeiter nicht auf die Straße setzen und war geneigt, den Ausbesserungswerken zu Lasten der Neubeschaffungen Arbeit zu geben.

Nach den damals gültigen Erfahrungssätzen belief sich die Lebensdauer einer Lokomotive auf etwa 25 Jahre oder 3 Millionen km Laufleistung. Streng planmäßige Erneuerung des Fahrparkes vorausgesetzt, hätten bei einem Lokbestand von 20 000 Stück also jährlich 800 Maschinen ausgemustert und durch neuere Baumuster verdrängt werden müssen. Oder, einmal umgekehrt ausgedrückt: Nach solchen Plänen „hätte die Reichsbahn eigentlich" im Jahre 1935 bereits 8 000 bis 9 000 Einheitslokomotiven besitzen müssen. Tatsächlich hatte sie seinerzeit nur, wie gesagt, deren 1119. Das Durchschnittsalter aller Lokomotiven lag bei 15 Jahren (also über dem „Planwert" von 12,5 Jahren). Übrigens befanden sich 1935 noch 2 671 Naßdampfloks, meist für den Rangier- und Nebenbahndienst, im Bestand.

Nur einem energischen Vorstoß der Lokomotivindustrie war es zu verdanken, daß etwa für die Jahre 1931 bis 1933 per Sondervertrag jähr-

Die 9000. Hanomag-Lokomotive auf dem Werksgelände in Hannover-Linden, fertiggestellt 1918: Es ist die preußische G 12 „Elberfeld 5578", die Ahnherrin der deutschen Einheitslokomotiven.

Abbildung auf der folgenden Doppelseite: Schwere Reichsbahn-Güterzuglok 43 007 auf dem Gelände der Berliner Maschinenbau-AG in Wildau. Im Hintergrund die Bahnstrecke nach Königs Wusterhausen und das Rathaus von Wildau 1927.

Deutsche Reichsbahn
43 007

9180.

lich 100 Maschinen zum Ankauf vorgesehen wurden. Über ihre Beschaffungen 1933 schrieb die Hauszeitschrift „Die Reichsbahn" im Herbst 1932 beispielsweise:

„Die Lokomotivaufträge der Reichsbahn für 1933. In Ausführung des 1931 mit der Deutschen Lokomotiv-Industrie abgeschlossenen dreijährigen Lokomotivlieferungsvertrages beabsichtigt die Reichsbahn, folgende Lokomotiven für 1933 in Auftrag zu geben:

24 Stück der Bauartreihe 03 }
2 Stück der Bauartreihe 04 } (Schnellzuglokomotiven)
30 Stück der Bauartreihe 64 (Personenzugtenderlokomotiven für Nebenbahnen)
28 Stück der Bauartreihe 86 (Güterzugtenderlokomotiven für Nebenbahnen)
12 Stück der Bauartreihe 99 (Schmalspurlokomotiven)

Hierbei ist zu berücksichtigen, daß die 12 Schmalspurlokomotiven ihrem Auftragswert nach nur etwa 6 Vollspurlokomotiven gleichzustellen sind. In diesem Auftrag ist ein außerdem bereits erteilter Auftrag von 6 Vollspurlokomotiven an die Firma Henschel noch nicht enthalten.

Ferner sind für die süddeutschen Lokomotivfabriken Krauss-Maffei und Maschinenfabrik Eßlingen sowie für die außerhalb des Lokomotivvertrages stehenden beiden Werke Jung in Siegen und Orenstein & Koppel einige weitere Lokomotivaufträge vorgesehen.

Die Gesamtzahl der hiernach zu beschaffenden Dampflokomotiven beläuft sich einschließlich der 6 Stück bei Henschel bereits bestellten sowie der 12 Schmalspurlokomotiven auf 122

Nach dem Ende des Ersten Weltkrieges nahmen viele Rüstungsfabriken den Lokomotivbau auf. Hier die von Krupp 1919 gebaute G 12 „Elberfeld 5627".

Stück. Die Aufträge werden sich auf die einzelnen Werke etwa wie folgt verteilen:

Borsig	8 Schnellzuglokomotiven
	9 Güterzugtenderlokomotiven
Henschel	10 Schnellzuglokomotiven
	26 Personenzugtenderlokomotiven
Krupp	8 Schnellzuglokomotiven
	10 Personenzugtenderlokomotiven
Schichau	12 Güterzugtenderlokomotiven
Schwartz-kopff	7 Güterzugtenderlokomotiven
	12 Schmalspurlokomotiven
Krauss-Maffei	8 Lokalbahnlokomotiven
Eßlingen	2 Güterzuglokomotiven
Jung	5 Personenzugtenderlokomotiven
Orenstein & Koppel	5 Personenzugtenderlokomotiven
Insgesamt	122

Der Gesamtwert dieser Aufträge beträgt 16,2 Mio. R.M."

Bei den Lokalbahnlokomotiven, die auch 1933 noch unter der Verantwortung des Zentral-Maschinenamtes der Gruppenverwaltung Bayern beschafft wurden, handelte es sich um die D1'-Lokomotiven der Reihe 98^{10}; immerhin doch eine bemerkenswerte Ausnahme im Programm der Einheitslokomotiven. Denken wir auch an die bis 1930, zuletzt von Henschel, gebaute Schnellzuglok S 3/6, oder an die kleine Nebenbahntype I g (badisch), die neu aufgelegt werden mußten, weil Einheitslokomotiven entweder noch nicht konstruktiv durchgearbeitet waren oder aber aus Ersparnisgründen nicht aufgelegt werden sollten, obwohl ein Betriebsbedürfnis nach Loks dieser niedrigen Leistung bestand. Als man einige Jahre später dann doch die Baureihe 71 auflegte, geschah dies auf besonderen Wunsch der Reichsbahn-Hauptverwaltung zur Beförderung der neugeschaffenen Leig-Züge; zu größeren Stückzahlen hat sie es nicht gebracht.
An dieser Stelle verdienen auch die zahlreichen Versuchs- und Sonderlokomotiven Erwähnung, die nicht in direktem Zusammenhang mit dem Einheitslok-Programm standen, trotzdem aber die technische Entwicklung der Einheitsloks beeinflußt haben: Wir denken an die Hochdruck-, die Mitteldruck und die Turbinenloks, an die Versuche mit Kohlenstaub und dergleichen mehr; meist in Einzelstücken.
Erst in der zweiten Hälfte der dreißiger Jahre kam in der Beschaffung eine gewisse Besserung auf, doch waren selbst Ende 1938 gerade 1 556 von über 23 000 Reichsbahnloks nach den Einheitszeichnungen geliefert worden. Es bedurfte noch des politischen Expansionskurses der Nationalsozialisten, um die Lokbeschaffungen wieder zu steigern: Davon profitierten 1939/40 besonders die Güterzuglokomotiven (Reihen 41, 44, 50), daneben etwas die Dreizylinder-Schnellzugloks (Reihen 01^{10} und 03^{10}) und die Nebenbahn-Tenderloks (Reihen 64 und 86). Im März 1939 stellte man ein großes Beschaffungsprogramm – nicht nur zur Erneuerung, sondern auch zur Erweiterung des Bestandes – auf, das freilich bis zum Beginn des Krieges noch nicht auf allen Gebieten seine Wirkung entfalten konnte:

BR 01^{10}/03^{10}	—	400 Stück
BR 23	—	800 Stück
BR 24	—	80 Stück
BR 41	—	470 Stück
BR 44	—	540 Stück
BR 45	—	320 Stück
BR 50	—	1200 Stück
BR 62	—	80 Stück
BR 64	—	400 Stück
BR 81	—	120 Stück
BR 86	—	790 Stück
BR 89	—	120 Stück
BR 82/83	—	160 Stück

Das waren 5 480 Lokomotiven in 13 verschiedenen Baureihen, davon neu nur 23, 50, 82/83, die bis 1943 zur Reichsbahn kommen sollten. Ursache für dieses Riesenprogramm waren schwere Verkehrsstörungen im Sommer 1938 nach dem „Anschluß" Österreichs und des Sudetenlandes, die sowohl während der militärischen Aufmärsche wie auch später während des „lebhaften Warenaustausches zwischen den neu vereinten Landesteilen" (R. P. Wagner) aufgetreten waren. Der Verwirklichung des Programmes standen schon die geschrumpfte Zahl der Lokfabriken, der Mangel an jüngeren Facharbeitern und die Knappheit an Stahl und NE-Metallen sehr hemmend entgegen, zumal die Reichsbahn auf all diesen Gebieten auch im Wettbewerb mit der unmittelbaren Rüstung stand.

Vollends über den Haufen geworfen wurde das Programm nach dem deutschen Überfall auf Polen im Herbst 1939. Bei Stockklausner/Weinstötter (S. 128) finden wir eine Übersicht, was aus diesem ambitionierten Programm nach Kriegsbeginn geworden ist:

I = Vorgesehene Stückzahl II = Bestellte Stückzahl III = Tatsächlich geliefert

	1940			1941			1942			1943		
	I	II	III	I	II	III	I	II	III	I	II	III
01^{10}	100	104	54	100	105	–	100	–	–	100	–	–
23	–	–	–	2	2	2	398	–	–	400	–	–
24	20	20	–	20	–	–	20	–	–	20	–	–
41	100	100	–	160	–	30[1])	100	–	–	110	–	–
44	120	123	123	120	339	342[2])	130	498	394	170	475	540[3])
45	80	50	26	80	80	–	80	–	–	80	–	–
50	600	620	535	500	1281	1211	100	1216	933	–	123[4])	153
62	–	–	–	40	–	–	20	–	–	20	–	–
64	100	100	10	100	–	–	100	–	–	100	–	–
81	30	30	–	30	30	–	30	–	–	30	–	–
82	–	–	–	–	–	–	70	–	–	90	–	–
86	200	–	–	200	110	110	200	512	270	–	–	49[5])

1) Gehören zur Vergebung 1940.
2) 3 Stück gehören zur Vergebung 1942.
3) 36 Stück erst später geliefert, weitere 325 Stück für 1944/45 bestellt.
4) Ersatzbestellung, die zur Glattstellung fehlende Stückzahl später geliefert.
5) Gehören zur Vergebung 1942.

Viele Bestellungen wurden storniert und auf die Reihen 44, 50 oder 86 umgewandelt; nur solche Serien, deren Montage bereits fortgeschritten war, wurden 1940/41 noch fertiggebaut und abgenommen. Ende 1941 besaß die Reichsbahn zwischen ihren rund 26 000 Lokomotiven zwar schon 4 591 Einheitsmaschinen, darunter aber bereits 1729 Exemplare der erst 1938 eingeführten leichten Reihe 50 und 686 Exemplare der auch erst ab 1937 wieder aufgelegten Reihe 44. Einheitslokomotiven, das waren – quantitativ gesehen – nun also in erster Linie Güterzugloks.
Und deren Übergewicht sollte noch zunehmen: In den Kriegsjahren ab 1942 lief bekanntlich der Bau der Typen 44, 50 und 86 bald aus, und

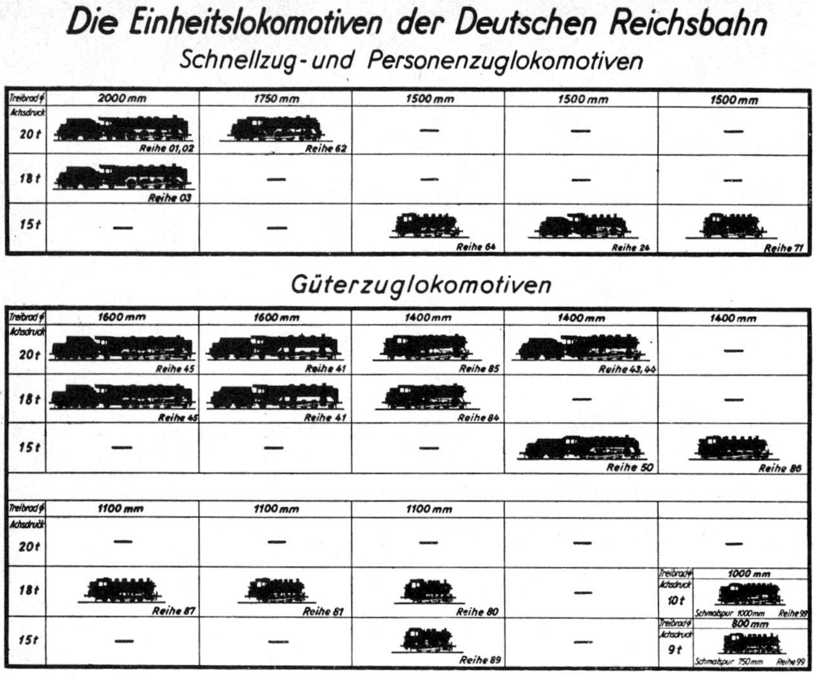

Die bis zum Jahre 1939 eingeführten Einheitslokomotiven der Reichsbahn. Aufschlußreich, welche Typen man hier weggelassen hat. Skizze der Lokfabrik Henschel.

die Kriegslok-Baureihe 52 (in kleinerem Umfang ab 1944 auch die Reihe 42) übernahm rasch die Hauptrolle in den Beschaffungen. Ob die noch eine Einheitslokomotive war, hat Richard Paul Wagner, der „Vater der Einheitsloks", wohl mit Recht bezweifelt: Als 1941/42 die Forderungen aus Rüstung, Wehrmacht und Kriegswirtschaft immer lauter wurden, die als zu kompliziert angesehenen Einheitsmaschinen zu entfeinern, trat er „aus Gesundheitsgründen" in den Ruhestand. Sein Lebenswerk, die Verteidigung der bis 1925 entwickelten Baugrundsätze, war durch den Krieg beendet. Die Entscheidung darüber, welche Lokomotivtypen in Zukunft beschafft werden sollten, ging Anfang 1942 von der Reichsbahn auf kriegswirtschaftliche Instanzen, den sogenannten Hauptausschuß Schienenfahrzeuge beim Reichsminister für Rüstung und Kriegsproduktion, über. Und tatsächlich entsprach die Baureihe 52 mit ihrem Blechrahmen und den zahlreichen konstruktiven Vereinfachungen nicht mehr den Maximen von 1925, sondern bildete zumindest eine Sondertype unter den Einheitslokomotiven. Ihre große Stückzahl mag es allerdings entschuldigen, daß hier Normung, Typisierung und Austauschbau quer durch die Baureihen eine weniger große Bedeutung beigemessen wurde als bei den Kleinserien der zwanziger Jahre.
Auf der anderen Seite waren die allmähliche Einführung der Schweißung und andere Erleichterungen für die Fertigung in den Lokfabriken, die mit der Reihe 52 aufkamen, auch notwendige Weiterentwicklungen der Einheitslok-Baugrundsätze, an denen R. P. Wagner über zwei Jahrzehnte hin starr festgehalten hatte. Ob es da um ein Triebwerk mit mehr als zwei Zylindern oder um eine Vergrößerung der Strahlungsheizfläche im Verhältnis zur Berührungsheizfläche in den Kesseln gegangen war, ob man ihm für Schnellzugloks das führende Krauss-Helmholtz-Gestell vorschlug oder auch einen etwas schärferen Saugzug anregte – meist gelang es ihm mit Hinweis auf die Baugrundsätze und auf die nicht hinreichende Erprobung der neuen Vorschläge, um größere und grundsätzliche Neuerungen herumzukommen. Theodor Düring hat über die persönlichen und sachlichen Differenzen im Reichsbahn-Zentralamt Berlin ausführlich berichtet; der Schulenstreit darüber, ob – vereinfacht gesprochen – eine Lokomotive lieber robust und dafür etwas weniger wirtschaftlich (norddeutsch) oder aber thermodynamisch ausgeklügelt und dafür hochgezüchtet (süddeutsch) gebaut werden sollte, ruht bis zum heutigen Tage noch nicht. Hier die Zuverlässigkeit, dort der Komfort, so könnte man die Gegenpole auch bezeichnen.
Der Nachfolger Wagners auf dem Sessel eines Dampflokomotiv-Dezernenten im Reichsbahn-Zentralamt Berlin war 1942 Friedrich Witte, dessen Tätigkeit es während des Krieges in erster Linie zu verdanken war, daß nicht jeder überzogene Vorschlag aus Wehrwirtschaft und Industrie (etwa der Brotankessel oder der Lokomotivtender aus Beton) auf die Schienen gestellt wurde. Ein letztes Zahlenbeispiel: Ende 1945 waren im auf etwa vierzigtausend Maschinen geschätzten deutschen Lokomotivbestand rechnerisch 14 450 Einheitslokomotiven enthalten, von diesen wieder 7 041 Kriegsloks der Reihen 52 und 42, so daß also als „echte" Einheitsloks endgültig nur 7 409 Stück übrigblieben. Zur Realisierung eigener, auf Beobachtungen in Amerika beruhender Projekte kam Witte erst ab 1948 in Göttingen und Minden, als die ersten Neubaulokomotiven für die Westzonen-Reichsbahn und für die junge Bundesbahn entwickelt werden mußten: Auch dies keine Einheitslokomotiven im Sinne Wagners mehr, weil die Technologie von Fertigung, Betrieb und Unterhaltung inzwischen weiter fortgeschritten war. Daß zu dieser Zeit neue Probleme auftraten, wollen wir nicht verschweigen. Auch Witte dachte weiterhin „norddeutsch", wollte also etwa vom Vierzylinder-Verbundtriebwerk nur wenig wissen. Seine Entscheidung für die Verbrennungskammer im Lokomotivkessel, die nicht nur bei vielen Neubauloks in den fünfziger und sechziger Jahren zur Anwendung kam, hat sich aber als bedeutsam und richtig herausgestellt. Es sind freilich nur noch 168 Neubauloks der Reihen 10, 23, 65, 66 und 82 geliefert worden. Erst mit der Ausmusterung älterer Länderbahnlokomotiven wuchs der prozentuale Anteil der Einheitsmaschinen am deutschen Lokomotivbestand nach dem Kriege beständig an und überschritt im Jahre 1959 den Wert von 50 Prozent; die absoluten Zahlen gingen durch den Neubau von Diesel- und Elloks in dieser Zeit selbstverständlich zurück. Und immerhin sind die letzten Dampfloks der Deutschen Bundesbahn, die 1978 im Emsland den Dienst quittierten, doch Einheitsloks der Reihen 01^{10}, 41 und 44 in ihren ölgefeuerten Spielarten 012, 042 und 043 gewesen.

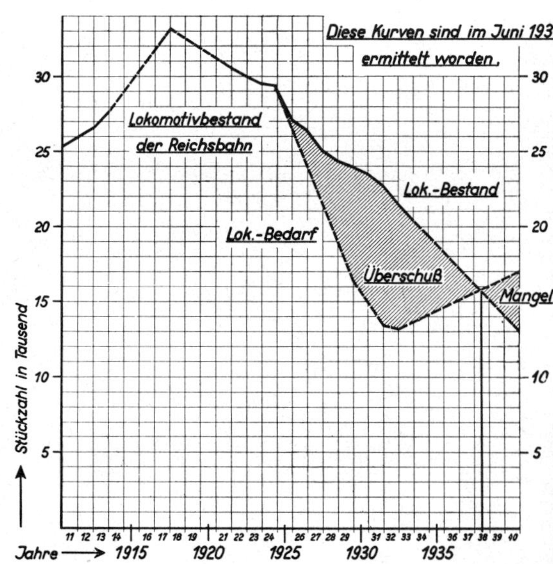

Entwicklungen im Lokomotivbestand der Reichsbahn
Skizze von Henschel.

Oben: Als die Einheitslokreihe 03 noch auf dem Reißbrett stand – Lieferung der bayerischen S 3/6 durch Henschel. Maschine 18 534, Fabriknummer 1 734 aus dem Jahre 1930.

Unten: Einheitslokomotive 01 225 (Henschel 3 556/1938) vor dem Leipziger Hauptbahnhof.
(Fotos: Thyssen Henschel)

Aus der Frühzeit der Einheitslokomotiven. Die ersten Stationierungen 1925–1933

Von Albert Mühl

Nachdem im Laufe des Jahres 1926 die ersten Lieferungen der neuen Einheitslokomotiven Baureihen 01 und 02 an die Deutsche Reichsbahn ausgeliefert worden waren (01 001–010 und 02 001–008; 009/010 folgten erst 1927), wurden die Maschinen zunächst einmal abgestellt. Anfang 1926 hatte man mit den ersten Fahrversuchen begonnen, für die das Reichsbahn-Zentralamt die Lokomotiven 01 001 und 02 002 ausgewählt hatte, und die vom Lokomotiv-Versuchsamt Grunewald durchgeführt wurden. Sie zogen sich bis Ende 1927 hin. Im März 1927 wurden dann die vorhandenen Lokomotiven in drei Versuchsgruppen eingeteilt und folgenden Bahnbetriebswerken (Bw) zugeteilt:

Bw	01	02	18^4	39^0	Bemerkungen
Erfurt P	3	3	–	3	Einsatz 01/02 Berlin – Frankfurt/M. (540 km)
Hamm	3	3	–	3	Einsatz Aachen – Köln – Hannover
Hof	3	2	2	4	Einsatz Regensburg – Leipzig

Das Ergebnis des Probebetriebes ist bekannt. Der Bau der 02 wurde eingestellt aus Gründen, die hier nicht näher erörtert werden sollen, und die 01 zur künftigen Einheits-Schnellzuglokomotive bestimmt.
Im Frühjahr 1928 ist dann mit den jetzt vorhandenen 39 Lokomotiven 01 (01 001–010, 012–040) und 10 Lokomotiven 02 der Plandienst aufgenommen worden:

Bw	01	02
Berlin Anh. Bf	6	–
Berlin Lehrter Bf	4	–
Erfurt P	14	4
Magdeburg Hbf	8	3
Hamm	4	–
Hof	3	3

Im Laufe des Jahres 1928 wurden weitere Lokomotiven Reihe 01 geliefert, so daß zum Jahresende nun 75 Stück (01 001–010, 012–076) vorhanden waren.
Die Maschinen wurden in der Hauptsache auf den Strecken Berlin – Hamburg, Berlin – Magdeburg/Hannover – Köln – Aachen, Berlin – Leipzig/Erfurt – Kassel/Bebra – Frankfurt, Regensburg – Leipzig eingesetzt. Die 02 waren bis Mai 1929 aufgeteilt an die Bw Erfurt P (001–004), Hamm (005–007) und Hof (008–010) und in den 01-Dienstplänen mit eingesetzt. Dann wurden alle zehn Lokomotiven beim Bw Hof zusammengezogen, wo sie bis zum Umbau in 01-Lok (1937–1942) und auch danach noch längere Zeit verblieben (als 01 011, 232–241).

Verteilung der 01 am 1. 1. 1929

Bw	Zugeteilte Lokomotiven Anzahl	Betriebsnummern
Altona	4	067–070
Berlin Anh. Bf	6	012–021 (Berlin Anh. Bf und Berlin Lehrter Bf)
Berlin Lehrter Bf	4	
Erfurt Pbf.	13	008–010, 022–025, 027–030, 035/036
Hamm	8	001–004, 031–034
Bebra	5	072–076
Hannover	17	050–066
Kassel	7	043–049
Magdeburg Hbf	6	037–042
Hof	3	005–007 (Mai 1929 an Bw Erfurt P)
LVA Grunewald	2	026 (an Erfurt P), 071 (an Hamm)

Vom April 1930 an wurden weitere 01 ausgeliefert; es waren die 25 Maschinen 01 077–101, deren Lieferung sich bis Juli 1931 hinzog. Außer den bisherigen 01-Bw, deren Bestand ergänzt wurde – Berlin Ahb und Leb 097–100 (4), Erfurt P 082–084, 101 (4), Hamm 089/090 (2), Hannover 085–088 (4) – erhielten jetzt die Bw Frankfurt/M. 1 (091–096) und Offenburg (077–081) erstmalig 01-Lokomotiven. Die Offenburger wurden in den Dienstplan der IV h (18^3) hineingenommen, wo sie gleich tüchtig laufen mußten (Mannheim/Heidelberg – Basel, u. a. FFD 101/102, 804 km tägliche Spitzenleistung!); die Frankfurter kamen auf die Strecken nach Würzburg und nach Bebra – Erfurt – Leipzig. Bw Altona gab seine Maschinen ab an Bw Berlin Leb (067–069) und Hamm (070). Nunmehr die Verteilung im Juli 1931):

Bw	Anzahl	Bemerkungen
Berlin Ahb	10	012–018, 020/021, 097
Berlin Leb	6	067–069, 098–100
Erfurt P	18	(005–007 aus Hof, 026 von LVA; 008–010 an Hamm)
Hamm	16	(008–010 aus Erfurt, 019 aus Leb, 070 aus Alt, 071 von LVA)
Frankfurt/M. 1	6	
Bebra	5	
Hannover	21	
Magdeburg Hbf	6	
Kassel	7	
Offenburg	5	

Diese Verteilung änderte sich nicht mehr bi
zum Frühjahr 1933.
Inzwischen hatte sich herausgestellt, daß de
Bedarf an Schnellzuglokomotiven mit einer
geringeren Achsdruck als 20 t nicht mehr in hin
reichendem Maße befriedigt werden konnte, d
die stark beanspruchten $S\ 10^1$ und $S\ 10^2$ sowi
die älteren S 10 zusehends schadhaft wurden
Auch die in großer Stückzahl vorhandene P 1
mit ihrem Achsdruck von 19 t war nicht freizü
gig genug. In Süddeutschland allerdings be
stand an leichteren Schnellzugmaschinen kei
Mangel; sie waren in ausreichender Menge un
guter Qualität vorhanden (S 3/6, badische IV h
württembergische C). Es entstand eine neu
Einheits-Schnellzuglokomotive mit zunächst 1
t, dann 18 t Achslast: die 03.
Die ersten drei Maschinen erschienen im Som
mer 1930 und wurden dem Bw Osnabrück, w
zu dieser Zeit die 18^5 (S 3/6) im schwere
Schnellzugdienst (Hamburg – Köln) aushelfe
mußten, zugeteilt. Das LVA hatte sich zu
nächst die 03 001 für Versuche zurückbehalten
Ende 1930 waren dann alle drei in Osnabrück

Links: Einheitslok 01 069, erbaut im Jahre 1928 von der AEG unter Fabriknummer 3938. Die Maschine wurde am 10. Juli 1928 abgenommen und dem Bahnbetriebswerk Altona zugeteilt, lief dann ab 1933 beim Bw Offenburg. Nach dem Kriege gehörte sie zum Bestand der Deutschen Reichsbahn in der DDR, die sie noch bis zum Ende der siebziger Jahre im Bw Dresden einsetzte.

Aus der Frühzeit der Einheitsloks: 01 004 vom Bw Hamm vor dem Schnellzug D 4, ausfahrend aus dem Hagener Hauptbahnhof. Etwa 1930.

Schnellzuglok 03 058 vom Bw Osnabrück vor dem Zug D 3 beim Speicherkraftwerk Herdecke in Westfalen. (Fotos: Bellingrodt)

wo sie im Dienstplan der S 3/6 sogleich eingesetzt wurden.
Im Jahr darauf wurden weitere 90 Lokomotiven in Auftrag gegeben, die bis zum Spätsommer 1932 in zwei Serien (004–069 bis Ende 1931, 070–093 seit Mai 1932) in Dienst gestellt wurden. Sie sind wie folgt verteilt worden:

Bw	1931		1932		Insgesamt
	Zahl	Betr.-Nrn.	Zahl	Betr.-Nrn.	1. 1. 1933
Altona	7	032–038	1	073	8
Breslau Hbf	8	024–031	–		8
Dortmund Hbf	5	053–057	–		5
Hamm	–		3	091–093	3
Leipzig Hbf West	–		7	074–080	7
Hannover	6	010–015	–		6
Halberstadt	–		6	085–090	6
Köln Bbf	8	045–052	1	072	9
Königsberg	6	039–044	–		6
Osnabrück	12	058–069	2	070–071	17*
Schneidemühl Pbf	6	004–009	–		6
Frankfurt/Oder	4	016–019	–		4
Stargard	4	020–023	–		4
Stralsund	–		4	081–084	4
	66		24		93*

* mit 001–003, geliefert 1930

Eingesetzt waren diese Maschinen hauptsächlich auf den flachen von Berlin ausgehenden Strecken (nach Hamburg, Breslau, Stralsund, Stettin – Lauenburg, Schneidemühl und Frankfurt/Oder und bis zur deutsch-polnischen Grenze) sowie u. a. auf den Strecken Marienburg – Eydtkuhnen, Altona – Köln, Dortmund – Frankfurt/M., Halle/Leipzig – Nürnberg und auf den Rheinstrecken von Köln aus.
Die in den Jahren 1928/1929 (24 001–063) und 1931 (064–068) gelieferten Personenzug-Einheitslokomotiven der Baureihe 24 wurden nach der Übernahme entsprechend der Tabelle verteilt.

Lok-Nr.	RBD	Bw	Zahl
24 001–005	Stn	Wriezen (ab 1933/34 Bw Kolberg)	5
006/007	Kas	Marburg	2
008–010	Stn	Kolberg (1930/31 Neustettin, ab 1931 Plattling)	3
011–020	Schw	Waren	10
021–030	Stg	Freudenstadt	10
031–034	Reg	Landshut	4
035–040	Reg	Plattling	6
041–051	Old	Delmenhorst	12
052–061	Stg	Ulm	10
062/063	Stg	Freudenstadt	2
064–068	Kas	Treysa	5

Beim Bw Treysa befanden sich später auch die beiden Mitteldruck-Verbundlokomotiven 24 069/070.
Der Einsatz erfolgte vornehmlich auf längeren Nebenstrecken im Personenzugdienst, so z. B. Treysa – Malsfeld – Eschwege, Passau – Landshut, von Plattling nach Eisenstein, Mühldorf und Landshut, in Pommern, im württembergischen Schwarzwald (Pforzheim – Horb – Rottweil, Hausach – Freudenstadt – Stuttgart), von Ulm nach Aalen, Aulendorf und nach Sigmaringen.

Von der schweren Personenzug-Tenderlokomotive, Baureihe 62, gelangten 1928 zwei Maschinen zur Ablieferung an das Bw Lennep. Die weiteren 13 Lokomotiven, die Henschel „auf Verdacht“ gebaut haben soll und die mehrere Jahre herumstanden, wurden erst 1932 von der DR abgenommen, als ein wirtschaftlicher Einsatz dieser Lokomotiven nachgewiesen werden konnte. – Ende 1932 waren sie folgendermaßen verteilt:

Bw Düsseldorf Abst.	62 001–005
Bw Saßnitz	006–009
Bw Meiningen	010–015

An dieser Aufteilung wurden keine Veränderungen vorgenommen bis in die Kriegsjahre. Die Lokomotiven waren z. T. im Schnellzugdienst eingesetzt, z. B. auf der Insel Rügen; die Meininger fuhren jahrelang den D 297/298 Eisenach – Lichtenfels und die Düsseldorfer meist Eilzüge auf kürzeren Strecken im Bezirk Wuppertal (Hagen – Köln – Düsseldorf – Mönchen-Gladbach).
Zur Erprobung der Einheits-Güterzuglokomotiven der Baureihen 43 und 44 wurden – nach ausgedehnten Versuchen durch das LVA mit den Lokomotiven 43 007 und 44 004 – im März 1927 drei Versuchsgruppen eingerichtet, wobei die beiden Bauarten sowohl untereinander als auch beide zusammen mit der G 12 im normalen Betriebe verglichen werden sollten:

Bw Rothenkirchen	43 001–003	44 001–003
Bw Weißenfels	004–007	004–007
Bw Saalfeld	008–010	008–010

Aus dem „Wettbewerb“ ging die zweizylindrige 43er als die Siegerin hervor; es erfolgte sogleich eine Nachbestellung von 25 Maschinen, während die 44er erst ab 1937, als der Bau der Reihe 43 schon längst eingestellt war, zu hohen Ehren gelangen sollte.
Nach Abschluß der Versuche wurde eine Umverteilung vorgenommen. Rothenkirchen gab seine 43er im Tausch gegen 44 004–007 an die RBD Erfurt ab, wo nun zunächst die zehn 43er blieben. 44 008–010 gingen von Saalfeld nach Weißenfels. Die Neuanlieferungen (1928/29) ab 43 011 kamen nach Mitteldeutschland (RBD Erfurt) und Sachsen (RBD Dresden) sowie zum Bw Mannheim. Typische Bw für die BR 43 waren Erfurt G, Meiningen, Weißenfels (später auch Eisenach), Chemnitz-Hilbersdorf und Reichenbach i. V. Die Lokomotiven des Bw Mannheim Rbf kamen 1933 zum Bw Friedberg (kurzfristig auch Bw Hanau).
Eingesetzt waren sie im schweren Güterzugdienst auf Bergstrecken wie z. B. Dresden – Hof, von Lichtenfels nach Eisenach und Weißenfels, Mannheim – Stuttgart, Friedberg – Frankfurt (Main).

Verteilung der BR 43 und 44 am 1. 4. 1933

RBD	43	44	
Dresden	12	–	43 011–016 Chemn.-H., 022–027 Reichenbach
Erfurt	15	3	44 008–010 Weißenfels
Karlsruhe	8	–	43 004/6/10/19/32–35 Mannheim Rbf
Nürnberg	–	7	44 001–007 Rothenkirchen

Aus der Frühzeit der Einheitsloks: Parade im Bahnbetriebswerk Hannover Ost, von Kreutzer 1929 aufgenommen. Damals waren hier die Loks 01 050 bis 066 von Hohenzollern und Schwartzkopff beheimatet.

Bahnbetriebswerk Lennep, Reichsbahndirektion Elberfeld – so lauteten die Heimatanschriften an der 62 002 bis 1932. Aufnahme während der ersten Dienstjahre von Werner Hubert.

Aus der Frühzeit der Einheitsloks: 24 067 vom Bahnbetriebswerk Treysa vor ihrem Personenzug P 331 nach Eschwege, aufgenommen am 12. Juli 1934 bei Malsfeld. Zwei Güterwagen laufen am Zugschluß.
(Foto: Bellingrodt)

Für den schweren Güterzugdienst auf den Mittelgebirgsstrecken waren die ersten Serien der ab 1937 wieder aufgelegten Reihe 44 gedacht. Aufnahme zwischen Kassel und Warburg bei Obervellmar.
(Foto: Kreutzer)

Die Ausmusterung der Lokomotive 01 001. Anfang und Ende einer Entwicklung 1925–1959

Von Friedrich Witte (†)

1959 ist die Dampflokomotive 01 001 ausgemustert und verschrottet worden. Mit ihrer Indienststellung im Jahre 1925 eröffnete sie als erste Einheitsschnellzuglokomotive der damaligen Deutschen Reichsbahn eine Ära des Dampflokomotivbaus, von den Ingenieuren begrüßt, umstritten, bekämpft, und – wie wir heute wissen – mit Erfolg in zähem Ringen durchgesetzt, die ihresgleichen im Eisenbahnwesen sucht. Sie war das natürliche Ergebnis einer hundertjährigen Entwicklung, fußte auf einer reichen Tradition und ihr standen eine große Zahl von eisenbahntechnischen Spezialisten mit außerordentlichen Erfahrungen in Industrie und Verwaltung zur Seite, die bereit waren, ihr Bestes zur Sache zu geben, aber auch bereit waren, von ihrer Individualität im Interesse der großen Aufgabe Opfer zu bringen und sich den Grundgedanken, die Beschränkung von ihnen verlangten, zu unterwerfen.
Die Lebensgeschichte der heute ausgeschiedenen Lokomotive 01 001 ist darum mit ihrem Alter von 34 Jahren gleichzeitig Ausdruck des Lebensabschnittes vieler Ingenieure, die das Werk schufen, die hineinwuchsen und daran mitschaffen durften, sowie derjenigen, die ein Lebensalter hindurch diese Lokomotive im Betrieb und in der Werkstatt immer wieder in ihre Hände bekamen. Diese Lebensgeschichte beginnt mit der Entstehung unter den schwierigen Verhältnissen der ersten Jahre nach einem verlorenen Krieg, unter den Erschwernissen einer sich neu orientierenden Wirtschaft, unter den Wirkungen der neu gegründeten Reichsbahn. Dem Lokomotivkonstrukteur jener Jahre erwuchsen unter diesen Umständen Aufgaben großen Formats, aber auch technische Möglichkeiten, die es bis dahin nicht gegeben hat. Eine Fülle von Erwartungen und Hoffnungen verband sich mit der Schöpfung dieser Einheitslokomotive, die ja zunächst nur die erste in einer großen Reihe war, wie man sie in der Zukunft sah. Wie im menschlichen Leben sind Kinderkrankheiten, Rückschläge und Enttäuschungen nicht ausgeblieben und es hat auch nicht allzulange gedauert, bis die Entwicklung des Verkehrs und der Technik auf die Planung Einfluß nahmen, obwohl schon bei dieser ersten neuen Schnellzug-Einheitslokomotive sehr weit vorausschauend geplant worden war. Auch zum Gegenstand teils heftiger Kritik unter den Ingenieuren ist die Einheitslokomotive geworden, nicht zu ihrem Nachteil. Es gibt eben nicht nur Freude im Leben, auch Enttäuschungen, von denen man sich nicht entmutigen lassen soll. So ist die Einheitslokomotive, von der wir hier als dem ersten Vertreter in der 01 001 sprechen, letzten Endes Ausdruck eines großen technische Erfolges geworden, ein Beispiel, das Nachahmung gefunden hat, ja Vorbild bis in zahlreiche technische Grundideen und Teile hinein im In- und Ausland und damit schließlich Prototyp für zahlreiche Nachkömmlinge. Sie hat gehalten, was sie versprach und wofür man sie geschaffen hatte bis zu den Tagen, in denen die Technik neue Möglichkeiten eröffnete, die die Entwicklung der Dampflokomotive überspringen und zum Stillstand verurteilen. Es lohnt sich, noch einmal Bilanz zu ziehen, wenn nach 34 Jahren ein Lokomotivleben im Schrott endet, denn man kann auch aus einer solchen Rückschau für die Zukunft noch lernen.
Die Einheitslokomotive 01 001 ist gewissermaßen Kristallisationspunkt einer Reihenentwicklung. Das heißt, sie wurde nicht nach ihrem individuellen Betriebsprogramm allein entwickelt und konstruiert, sondern von vornherein in den Rahmen eines umfassenden Vereinheitlichungs- und Typenprogramms gestellt. Das erste meint schon die mehreren Lokomotivtypen gemeinsamen Kostruktionsglieder und -gruppen, das zweite die Bildung in sich weitestgehend verwandter ganzer Lokomotivtypen. In dieser Grundidee, die eine weit vorausschauende Planung voraussetzt, unterschied sich der neue Weg sehr grundsätzlich von dem bisher bei den deutschen Ländereisenbahnen geübten Verfahren. Nicht allein die Eigenständigkeit der verschiedenen Verwaltungen stand dem entgegen, auch die Art, wie allein aus den ständig steigenden Betriebs- und Verkehrsbedürfnissen heraus sich eine Type aus der anderen hintereinder entwickelte, verbaute die Möglichkeit einer Typisierung quer durch die Gattungen. Es soll nicht übersehen werden, daß die äußeren Voraussetzungen hierfür nicht gegeben waren, so daß sich nur Ansätze abzeichnen konnten, wie z. B. in Preußen bei den damaligen P 8 und G 10 Lokomotiven, die den gleichen Kessel erhielten. Erst der Weltkrieg 1914/18 sprengte die Gitter, mit denen sich die Länderverwaltungen unter anderem auch auf dem Gebiet der Lokomotiventwicklung abgezäunt hatten. Der Druck kam von außen, als erstmalig eine Lokomotivtype wie die G 12 für alle Länderbahnen gemeinsam entwickelt wurde. Sie ist dann kennzeichnender Ausdruck der Vermischung der Baugrundsätze der Länderbahnen geworden. Bei ihr zeichnen sich schon für die Zukunft neue Linien, so der allgemeine Übergang zum Barrenrahmen ab. Aber dies waren doch alles nur Einzelgänger, während die 01 die erste Lokomotive einer systematisch durchgebildeten Reihenentwicklung darstellt. Daß es überhaupt zu einer solchen Entwicklung kommen konnte, war kein Zufall; sehr viele Voraussetzungen mußten dazu erfüllt sein und waren es eben in dem Zeitraum unmittelbar nach dem Ersten Weltkrieg. Zu diesen Voraussetzungen sind zu zählen:

1. Die allseitige Erkenntnis, daß die Dampflokomotive bis zu diesem Zeitpunkt einen in den wichtigsten Grundzügen abgeschlossenen Entwicklungsstand erreicht hatte, so daß der Bestand der Grundform gesichert erschien.
2. Die Erkenntnis, daß die Typisierung in der Herstellung Vorteile brachte, z. B. durch nach dem Krieg zu erwartende Massenaufträge zur beschleunigten Ablösung der Länderlokomotiven.
3. Die Vereinheitlichung eines bundscheckigen Lokomotivparks mit allen ihren weitreichenden Vorteilen in der Lagerhaltung, des Einsatzes, der Personalausbildung, der Erhaltung.
4. Eng verbunden damit die Anwendung der Austauscharbeit, d. h. von toleranzmäßiger Werkzeugmaschinenarbeit, auf den Lokomotivbau als Ersatz für Feile, Schlosserarbeit und die berüchtigte Anpaßarbeit.
5. Der Stand der Normung und der einheitliche Wille seitens aller Beteiligten zur Normung, zur Achtung der Norm und weitgehenden Anwendung sowie Fortentwicklung, sei es die DIN- oder Fachnorm.
6. Die Bereitschaft der Konstrukteure zu der mit einer Typisierung nun einmal verbundenen Entsagung, also die Bereitschaft zu einer vernünftigen starken Selbstbeschränkung der konstruktiven Freiheit.
7. Die Einheitlichkeit des Willens seitens der Verwaltung, d. h. die zentrale Lenkung der Konstruktion, durch die Schaffung der Reichsbahn und Zusammenfassung der Lokomotivkonstruktion im Reichsbahnzentralamt Berlin.
8. Die Bereitschaft einer Großzahl von Lokomotivbaufirmen zur Aufgabe eines Teils ihrer Selbständigkeit auf dem Gebiet der Konstruktion für die Reichsbahn.

Durch die nach dem ersten Weltkrieg einsetzende Neuordnung von Verwaltung und Wirtschaft, die Entwicklung der Technik durch die kriegsbedingten Massenfertigungen mit ihren Rückwirkungen auf den Werkzeugmaschinenbau, der Zwang zur Rationalisierung als Voraussetzung für die Konkurrenzfähigkeit auf dem neu zu betretenden Weltmarkt, die sich mehr und mehr durchsetzenden Erkenntnisse des Wertes der Typisierung nach dem erreichten Stand der Technik, nicht zuletzt aber auch die Schulung der beteiligten Ingenieure in diesen Grundgedanken und das Erkennen der großen Aufgabe, die sich ihnen hier darbot, durch alles dieses war der Boden bestens bereitet.

Daß es an Gegnern nicht gefehlt hat, als die Absichten und Ziele Formen annahmen, liegt in der kritischen menschlichen Natur und ihren starken Gegensätzlichkeiten ganz natürlich begründet. Die Kritiker sahen die Beschränkung schöpferischer Ingenieurarbeit als entscheidenden Nachteil an. Sie waren nicht überzeugt, daß die Dampflokomotive einen typisierungsreifen Entwicklungsgrad erreicht haben sollte, wiesen auf das Experiment der amerikanischen Kriegsentwicklung von Einheitslokomotiven hin, die sich nicht durchgesetzt hatten, ohne dabei die ganz anders gearteten Verhältnisse der amerikanischen Verwaltungs- und Wirtschaftsorganisationen – die eben einen Teil der oben angeführten Voraussetzungen nicht erfüllten – gebührend in Rechnung zu stellen. Aber auch starrköpfiges Beharren auf technisch überholten Grundanschauungen wurde zum Gegner. Hier sei nur an die Fragen: Blech- oder Barrenrahmen, lange schmale oder kurze und mehr quadratische Rostfläche, Heizflächenabstimmung nach Bedeutung der Strahlungs- und Konvektionsheizfläche erinnert. Die Leistung im Hinblick auf die Zukunft der Verkehrsentwicklung – mit Recht eine sehr schwierige Frage, besonders hinsichtlich der geplanten Achsdrücke –, Raddurchmesser, Kesseldruck, Überhitzung und als besonders mit viel Liebe wissenschaftlich durchleuchtetes Gebiet Hub und Durchmesser der Zylinder wurden Gegenstände der Disputation und des Angriffs.

Sie fanden selbst ihren Niederschlag in technischen Fachbüchern, wie etwa dem Garbe'schen Ergänzungsband zur „Heißdampflokomotive" unter dem Titel „Die zeitgemäße Heißdampflokomotive", das dem Verfasser von der Gegenseite den Vorwurf und auch den Nachweis der Unzeitgemäßheit eintrug. Auch innerhalb von Verwaltung und einschlägiger Industrie gab es natürlich Stimmen der Skepsis von Gewicht. Und das alles war gut so. Die Kritik und nie einschlafende Diskussion waren auch ihrerseits fruchtbare Beiträge zur neuen Entwicklung im Typisierungsprogramm, denn sie zwangen die unmittelbar Beteiligten immer wieder zur Antwort und damit zur Selbstkritik an ihren Plänen.

Schließlich war aber auch bei aller Eigenwilligkeit – die ein typisches Merkmal des schöpferisch tätigen Konstrukteurs ist – die Entwicklung typisierter Einheitslokomotiven nicht das ausschließliche Werk eines einzelnen. Jahrelange Vorarbeit leisteten der „Fachausschuß Lokomotiven" der Verwaltung, ergänzt durch einen „ Engeren Fachausschuß Lokomotivnor-

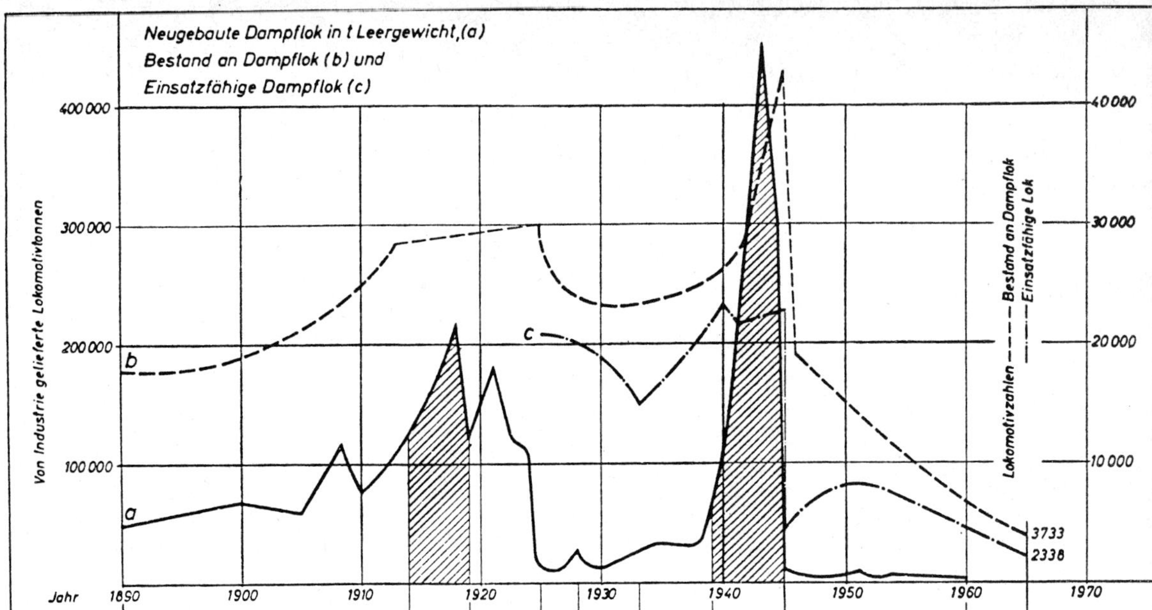

	1890–1914	1914–1919	1919–1925	1925–1928	1928–1933	1933–1939	1939–1945	1945–1960	1960–1965
Entwicklungs-phasen	1914	1919	1925	1928	1933	1939	1945	1950 1960	1965
Politische Einflußfaktoren	Normale friedensmäßige Entwicklung	Kriegseinflüsse	Starke politische Wechsel				Kriegseinflüsse	Zersplitterung und Schwebezustand	
Wirtschaftslage	Stetige Wirtschaftsentwicklung	Kriegsproduktion	Reparation und Inflation	Scheinkonjunktur	Depression	Kampf um Stahl	Massenproduktion	Kriegsfolgen, Restitution Verkehrsschrumpfung Strukturwandel	
Stand der Technik	Übergang vom Naßdampf über Verbundverfahren zum Heißdampf		Versuche mit Erweiterung des Druck- und Wärmegefälles. Steigerung der Geschwindigkeit. Neue Antriebe.				Anpassung an Massenfertigung (Entfeinerung)	Steigerung der spezifischen Leistung. Umstellung d. Fertigungsverfahren. Modernisierung des Vorhandenen.	Erhaltung des Vorhandenen im Auslauf des Strukturwandels
Konstruktions-merkmale	Individuelle Firmenkonstruktionen mit Typenansätzen Wettbewerb der Länderkonstruktionen			Einheitslokomotiven der DR alt bzw. DB Bauart 1925 durch Vereinheitlichungsbüro d. Lok-Fabr. VB				Bauart 1950 durch Technisches Gemeinschaftsbüro TGB	
Organisation	Länderbahnen		Reichsbahn					Reichsbahn in Vereinigtem-Wirtschaftsgebiet bzw. Bundesbahn	
Entwicklungs-faktoren	Ausbau der theoretischen Grundlagen Vervollkommnung aller Konstruktionsteile	Normung, Maßtolerierung, Typisierung Austauschbau					Vereinfachung und Typenbeschränkung	Modernisierung d. Fertigung und Erhaltung, vor allem durch Schweissung. Steigerung der Wärmewirtschaft. Verschleißbekämpfung. Anpassung an steigende Laufleistungen.	1960 Ablieferung der letzten Neubau-Dampflok
Zahl der am Neubau beteiligten Lokfabriken	19		22		9	9	16	5	

Die Entwicklung des Dampflokomotivparks der deutschen Länderbahnen, der Reichsbahn und der Bundesbahn zwischen 1890 und 1965. (LOK-MAGAZIN 39)

Rechts: Die erste Serie der Reihe 01 im Ursprungszustand, hier vertreten durch die 01 002 vom Bahnbetriebswerk Hamm. (Foto: Hubert)

menausschuß“ LONA, ein sehr wirksamer, tatkräftiger und erfolgreicher Gemeinschaftsausschuß von Herstellern und Verbrauchern im großen Rahmen des Deutschen Normen-Ausschusses. Hier waren alle die Fachkräfte und Spezialisten zusammengefaßt, die in den Bauartdezernenten der ehemaligen Länderbahnen, den Vertretern von Werkstatt und Betrieb und in den einschlägigen Industrien zur Verfügung standen.
Die maßgebenden Ausschüsse, die in ihren eingehenden Beratungen Entscheidungen für die damalige Hauptverwaltung bzw. das Verkehrsministerium vorbereiteten, sind die Initiatoren für Maßnahmen im Rahmen der Entwicklung der Einheitslokomotiven gewesen, deren Nutznießer heute noch die Konstrukteure der Triebfahrzeuge sind, die bestimmt sind, die Dampflokomotive abzulösen. Der wichtigste Entschluß war die Einführung eines Achsdruckes von 20 t für die neuen Lokomotiven. Die Länderbahnen hatten bis dahin, genau wie bei der Fahrzeugkonstruktion, die für die Berechnung ihrer Brücken maßgebenden Lastenzüge selbständig festgelegt. Dementsprechend wichen sie mehr oder weniger voneinander ab. Die einheitliche Verwendung der Betriebsmittel der Reichsbahn verlangte also auch einheitliche Vorschriften für den Bau der Strecken, die drei Lastenzüge mit 25, 20 und 18 t Achsdruck vorsahen. Parallel dazu liefen Bestimmungen, für welche Strecken diese Lastenzüge angewendet werden sollten. Das war Grundlage und Voraussetzung für ein in der Zukunft nach einheitlichen Regeln ausgebautes Streckennetz.
Die Entwicklung der Einheitsdampflokomotiven hat ganz entscheidenden Anstoß zur Einführung der höheren Achsdrücke gegeben, denn sie wurden zunächst ausschließlich für die Triebfahrzeuge benötigt, eröffneten aber nun die Möglichkeit, die Zahl der angetriebenen Radsätze bei gleichzeitiger erheblicher Leistungssteigerung zu beschränken. Die 01, von der ausgegangen wurde, hätte nach den dahin geltenden Bedingungen als Vierkuppler gebaut werden müssen, mit allen damit verbundenen Komplikationen, höheren Anlage-, Erhaltungs- und Betriebskosten. Die Leistung einer V 200 Diesellokomotive oder mancher elektrischen Lokomotive hätte sich gleichfalls heute nicht in der einfachen Form mit zwei zweiachsigen Drehgestellen unterbringen lassen, selbst bei weiterer Ausnutzung des Leichtbaus. Die Festlegung des Achsdruckes in der damals vorgeschlagenen Höhe war also eine der wichtigsten Maßnahmen für die ganzen sich in den nächsten Jahren entwickelnden Typen. Es folgten in den Ausschußarbeiten die Bindungen des Konstrukteurs an einheitliche Raddurchmesser von 2000 mm für Schnellzuglokomotiven, 1750 für Personenzug-, 1400 für Güterzuglokomotiven, – dies im Hinblick auf die zu erwartenden Steigerungen der Geschwindigkeiten –, 1100 mm für alle Verschiebelokomotiven, 850 mm für die Laufachsen und 1250 für hochbelastete Schleppachsen. Genauso wurden Kesseldurchmesser, Rostbreiten und anderes mehr festgelegt, um mit möglichst wenigen Kümpelteilen auszukommen.
Eine planmäßige Typisierung aller für die Betiebsaufgaben eines großen Bahnunternehmens benötigten Lokomotivgattungen setzt sich zweckmäßigerweise aus Typisierungsgruppen, Bauteilgruppen, zusammen. Eine solche Typisierungseinheit z. B. bei dem Radsatz setzt sich aus Lager, Federgehänge, Feder, Spannschrauben und u. U. anschließenden Ausgleichhebeln zusammen. Eine solche Gruppe kann bei gleichem Achsdruck und hierbei nahezu gleichen gefederten Gewichten bei Typen gleichgearteter Aufgaben ganz überwiegend unverändert übernommen werden. Die Konstruktion sorgte durch Federanordnung und Zuschnitt des Hauptrahmens dafür, daß nur wenige Baufor-

men und Längen verwendet wurden. Die einzelnen Bauteile bis zur Feder wurden in Lonorm-Blättern festgelegt. Für entsprechende Gruppenbildungen boten sich Drehgestelle als Ganzes, Lenk- und Laufgestelle, ganze Kessel an. Im Beginn dieser Planung haben Zweifler und Kritiker oft über den „Lokomotivbaukasten" gespottet, aus dem jede Gattung zusammengesetzt wurde. Das hörte bald auf, als man durch genaue Erfassung der Werkstattkosten bei der Ausbesserung ersah, welche großen Summen allein schon durch Sortenbeschränkung zu sparen waren.

Die Ausschüsse befaßten sich gerade im Blick auf die Ausnutzung der Erfahrungen der Länderkonstrukteure mit zahlreichen Bauteilen und Bauteilgruppen, um das jeweils Beste und Wirtschaftlichste für die Übernahme in die Einheitsausführung zu übernehmen. Alles das konnte aber nur Programm werden für den Konstrukteur, und wenn die Vielzahl der Konstruktionsbüros, die sich bei den Lokomotiven bauenden Firmen anboten, jedes für sich an einzelne Typen herangesetzt worden wäre, so wäre das auf der Verwaltungsseite mit Erfolg erreichte Einigungswerk auf der Herstellerseite von vornherein wieder gefährdet worden.

Nach dem Programm wurden deshalb in einer Art Wettbewerb zwar von den einzelnen Lokomotivfabriken Entwürfe für die Typenreihen aufgestellt, diese dann aber von den Ausschüssen gesichtet und die bestgeeigneten der weiteren Ausarbeitung zugrunde gelegt. Für diese endgültige Ausarbeitung war eine einmalige, entscheidende und von den Fachausschüssen als unerläßlich für den Erfolg bezeichnete Maßnahme die im gegenseitigen Einvernehmen von Verwaltung und einschlägiger Industrie sich vollziehende Gründung eines gemeinsamen Konstruktionsbüros der Lokomotivfabriken, damals Vereinheitlichungsbüro genannt, als Ausdruck der ganz speziellen Aufgabenstellung. Die Lokomotivbauanstalten hatten zwar im allgemeinen von jeher besondere Konstruktionsbüros für Auslands- und Inlands-, also meist Staatsbahnaufträge; die letztgenannten standen aber nur über die beschränkt wirksame Mitarbeit der Länderbahn-Bauartdezernenten im Erfahrungsaustausch. Der Individualismus der führenden Konstrukteure – von mancher Seite immer wieder damals wie auch heute in ähnlich gelagerten Fällen als unerläßliche Voraussetzung für den technischen Fortschritt angesehen – hatte die große Buntscheckigkeit des Parkes als Ganzem, aber selbst bei gleichen Typen verschiedener Hersteller zur Folge gehabt.

Die Zeit nach dem Ersten Weltkrieg zwang von sich aus, alle sich bietenden Rationalisierungsmaßnahmen und die verbliebenen Kräfte auszunutzen. Das erleichterte – gegen manche Bedenken, den unmittelbaren Einfluß aus der Hand zu geben – die Zustimmung auf Seiten der Industrie zur Gründung des gemeinsamen Konstruktionsbüros. So konnten sich vom ersten Tage an eine einheitliche Handhabung des Zeichnungsdienstes mit starkem Einfluß auf die Normenbildung, die Bildung und Anwendung einheitlicher Konstruktionsgrundsätze und einheitliche gleichzeitige Inangriffnahme mehrerer am Austauschbau beteiligter Typen durchsetzen.

Beide Teile, Reichsbahn und Industrie, haben ihren Nutzen daraus ziehen können. Der Verwaltungsaufwand erreichte bei größtem Nutzeffekt ein Kleinstmaß, einem Bauartdezernat stand eine Konstruktionsstelle der Industrie gegenüber, ohne deshalb den praktischen Erfahrungsaustausch oder die Verantwortung der Ausführenden auszuschalten. Um eine einseitige Entwicklung der Konstrukteure zu verhindern, wurden u. a. immer wieder die von den Firmen Delegierten zurückgenommen und durch andere ersetzt, im übrigen das Büro ganz nach Belastung verstärkt oder geschwächt.

Nach dem Zweiten Weltkrieg wurde unter wesentlich schwierigeren Verhältnissen bei Entwicklung von Anschlußtypen an das Programm von 1925 zunächst notgedrungen wieder der Weg der dezentralen Konstruktion beschritten. Die Erfahrungen führten sehr bald zur zentralen Bearbeitung zurück. So entwickelte eine Firma die Baureihen 23 und 82, mit etwas Phasenverschiebung, eine andere Firma die Reihe 65. Schon hierbei ergaben sich später – trotz der Nachwirkungen jahrelanger Einarbeitung der Konstrukteure auf Einheitsbauart – Abweichungen bei an sich gleichzugestaltenden Verschleißteilen. Räumliche Trennung und persönliche Teilung bei der Konstruktion lassen sich eben durch Organisationsmaßnahmen allein nicht überbrücken. Es darf nicht übersehen werden, wie schnell erarbeitete und eingeprägte Baugrundsätze mit der Fluktuation der Arbeitskräfte in den Konstruktionsbüros gefährdet sind. Das gilt ganz besonders in der heutigen Zeit mit ständig zunehmendem Wechsel des Arbeitsplatzes.

In der Beständigkeit der Leitung des Gemeinschafts- bzw. Vereinheitlichungsbüros und der laufenden Mitarbeit der Verwaltung lag die Gewähr für die Wahrung der Einheitlichkeit der Konstruktion. Das Büro erwies sich als ein voller Erfolg zum Nutzen der Lokomotivindustrie wie der Verwaltung.

Durch die Zusammenfassung der Konstruktion ist – wie von den Gegnern dieser Organisation immer wieder befürchtet – der Fortschritt der Technik in seiner Anwendung auf den Lokomotivbau nie gehemmt worden. Es ist sowieso die Frage, ob es für einen Auftraggeber von der Größenordnung einer Eisenbahnverwaltung wie der damaligen Reichsbahn zweckmäßig ist, bei der Vielschichtigkeit der Zusammenhänge von Konstruktion, Betriebseinsatz, Erhaltung in den Werkstätten laufend die Konstruktion jeder technischen Neuerung sofort anzupassen oder ob es nicht gesamtwirtschaftlich besser ist, mit einem zeitlich begrenzten Konstruktions- oder Änderungsstop zu arbeiten. Natürlich wird man Änderungen, die sich auf zu Buche schlagende Kostenträger wie den Betriebsstoffverbrauch oder auf die Betriebssicherheit fühlbar auszuwirken vermögen, baldmöglichst durchführen wollen. Diese Möglichkeiten bestehen aber auch innerhalb von Einheitsreihen. Im übrigen sind die Einheitslokomotiven Ausdruck der damals richtungweisenden Grundauffassungen der Verwaltung; sie wurden für eine hundertprozentige Erhaltung in den eigenen Werkstätten konstruiert. Das setzte vor allem die Wahrung größter Einfachheit und die Beschränkung auf allgemein anwendbare Maschinenelemente und Arbeitsverfahren sowie die Verwendung von Normenwerkstoffen voraus, also die Unabhängigkeit von monopolisierten Konstruktionsmitteln und Stoffen. Alles kam darauf an, eine gesunde Synthese zu finden zwischen diesen Forderungen, ganz besonders der Einfachheit und dem Aufwand für die Energieumsetzung.

Wie oft wurde früher bei der Konstruktion z. B. um 10 mm im Zylinderdurchmesser gefeilscht, während das Hochtreiben der Überhitzung auf 400° und mehr gegenüber den bis dahin üblichen Grenzen sowie Verkleinerung der schädlichen Räume viel mehr bedeuteten. Nach wenigen Jahren mußten die Zylinder um 15 und mehr mm ausgebohrt werden, und das so mühsam ausgeklügelte Gleichgewicht war doch verloren. Demgegenüber wog die Möglichkeit, gleiche Zylinder für mehrere Typen verwenden zu können, wesentlich mehr, wenn man außerdem bedenkt, daß grundsätzlich auch gleiche Zylinder rechts und links die Regel sein sollten. Immer wieder zeigte sich, daß ein gut abgestimmter Kessel auch bei geringer Belastung ebenso wie bei mäßiger Überlast wirtschaftlich blieb, ebenso zeigte die Kurve des günstigsten Dampfverbrauchs für die gewählten Zylindergrößen stets einen so breiten Scheitel, daß kleinere Abweichungen vom theoretisch günstigsten Maß selbst bei genauesten Messungen innerhalb der Meßfehlergrenzen lagen. Für Lokomotiven gilt ganz besonders, daß der ihnen eigene Betrieb unter stark wechselnden Belastungszuständen günstiger durch breite Wirkungsgradscheitel beeinflußt wird als durch einen schmalen höheren Bestwert, auf dem desto seltener gefahren werden kann.

Der Erfolg, der mit den Einheitslokomotiven in der Energieumsetzung erreicht worden ist, kommt in der Tatsache zum Ausdruck, daß die

Aus der Frühzeit der Einheitsloks: Als „Bezirks-Schnellzug“ war dieser P 3625 bei Remscheid-Lüttringhausen unterwegs. Zuglok 86 199, Rampe 1 : 40 bei 70 km/h Geschwindigkeit. Etwa 1935.
(Foto: Bellingrodt)

Auf der Müglitztalbahn Heidenau – Altenberg im Jahre 1939: erste Einsätze der 1937 gebauten Lokomotive 84 009 auf der zur Regelspur umgebauten Strecke ins Erzgebirge; Zugverband aus den typischen Altenberger Wagen.
(Foto: Archiv)

Abbildung auf der folgenden Doppelseite: Als 22 000. Henschel-Lokomotive wurde 1933 die Mitteldruck-Güterzuglok 44 011 fertiggestellt. Zur Nutzung ihres Kesseldrucks von 25 kg/cm² war ein Vierzylinder-Verbundtriebwerk eingebaut.
(Werkfoto/Sammlung Pekny)

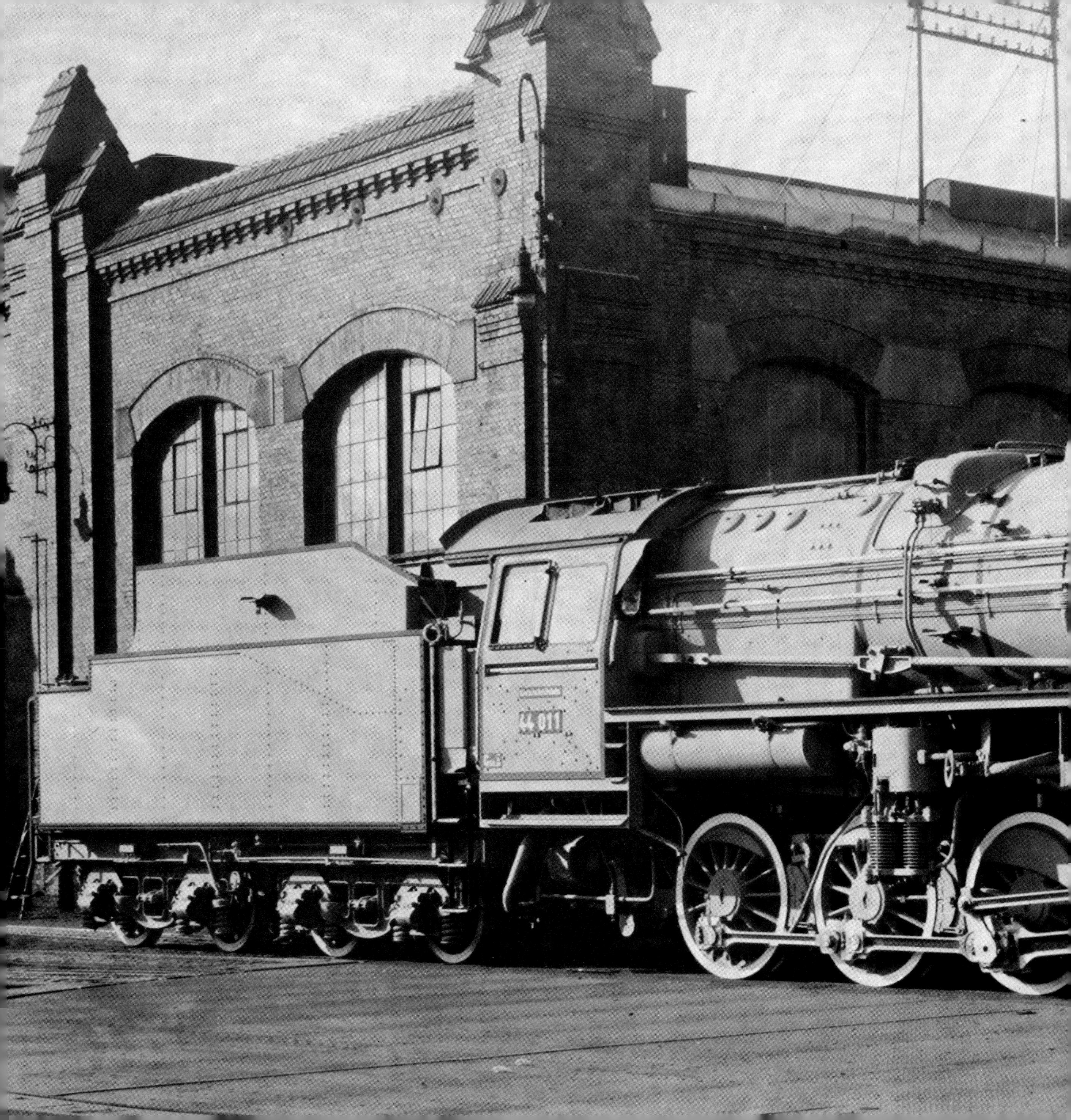
44 011

44 011

neuen Lokomotiven mit ihrem gesamten Wärmewirkungsgrad bis zu 30 % höher lagen als ihre mit Heißdampf bereits betriebenen Vorgänger.
Vornehmste Aufgabe des Lokomotiv-Konstrukteurs ist es, zwischen auseinandergehenden Wünschen des Betriebes und der Werkstatt auszugleichen. Wenn klar ist, daß eine Zusammenlegung von Bauteilen zu einem Modell bei der Ausbesserung sich stark auswirkt, so wird es nicht entscheidend sein können, wenn dafür auf der Betriebsstoffseite eine Konzession gemacht werden muß.
Andererseits darf weitergehenden Forderungen der Werkstätten, die den Betrieb einseitig belasten, ebensowenig nachgegeben werden. Nur in einem Punkt pflegen die Forderungen der beiden Partner übereinzustimmen: beide fordern Einfachheit der Einzelteile und der ganzen Maschine und dem wird der Konstrukteur gern zustimmen.
Aus diesen Überlegungen heraus dominierte bei den Einheitslokomotiven die einfache Dampfdehnung in möglichst nur zwei Zylindern so lange, bis weitergehende Forderungen, vor allem steigende Geschwindigkeiten, den Übergang zum Drilling erzwangen.
Die 01 001 war der klare Ausdruck aller dieser Überlegungen und der Erfolg der organisatorischen Maßnahmen für ihre Konstruktion. Als erste ihrer Reihe kam sie nach der Auslieferung von der Firma Borsig zum Lokomotivversuchsamt Berlin-Grunewald zur eingehenden Erprobung. Ab 1927 hat sie bis zur Ausmusterung im Betriebswerk Hamm Dienst geleistet. Unterhalten wurde sie von zwei Ausbesserungswerken, in Braunschweig bis 1952, von da an in Nied. Natürlich ist die 1959 ausgemusterte Lokomotive nicht mehr die des Jahres 1925 gewesen. Mehrfach wurde der Kessel getauscht und ein anderer Tender mit der Lokomotive gekuppelt. Die Lokomotive hatte nacheinander fünf Kessel. Zuletzt lief sie seit 1948 mit einem ursprünglich mit der 01 059 von der Berliner Maschinenbau AG, L. Schwartzkopff, 1927 gelieferten Kessel. Die Gesamtleistung der Lokomotive betrug auf 3 373 162 km Laufweg 1 614 122 000 Lokomotivleistungstonnenkilometer, im Durchschnitt war also die jährliche Laufleistung 100 000 km; sie ist in den einzelnen Jahren bis zu 25 % überschritten oder unterschritten worden. Hierfür hat die Lokomotive 50 876 t Kohlen verbraucht, im Durchschnitt also 15,08 t je 1000 km; und die Erhaltungskosten beliefen sich auf 1 151 553 M, demnach 341 M je 1000 km. Der Beschaffungspreis von rund 160 000 M wurde somit im Laufe der Jahre rund siebenmal in den Erhaltungskosten nochmals aufgewendet; das kann sofort zu der Frage Anlaß geben, ob das richtig war oder ob es nicht wirtschaftlicher gewesen wäre, das Fahrzeug schon früher durch ein neues zu ersetzen? Solange die Erhaltungskosten ganz wesentlich durch die gesetzlich vorgeschriebenen Untersuchungen des Kessels bedingt waren, hätte eine frühere Erneuerung nur einmal die für den Neubauzustand zugelassene längere Periode bis zur Untersuchung eine Entlastung gebracht. Im übrigen fielen die Kosten auch für die Ersatzlokomotive wieder an. Ganz abgesehen davon war im Lebenszeitraum der 01 001 der Ersatz einer Lokomotive von so vielen anderen Einflüssen abhängig, wie vordringliche Beschaffung anderer Typen, Verfügbarkeit über die erforderlichen Stahlkontingente, Kapitalmangel u. a. m., daß die Unterhaltungskosten allein nicht maßgebend sein konnten. Unter normalen Verhältnissen wäre wohl die Lokomotive nach 25 Jahren ersetzt worden. Die erreichte wesentlich höhere Lebensdauer ist der Qualität von Konstruktion und Unterhaltung zu verdanken. Einsatzverhältnisse, Ausnutzungsgrad, Untersuchungsfristen haben sich inzwischen unter dem Druck des schrumpfenden Schienenverkehrs wesentlich geändert. Schnellzuglokomotiven erreichen in entsprechenden Umläufen bis zu 29 000 km im Monat. Vergleicht man hiermit die von der 01 001 erreichten Zahlen, die seinerzeit schon verglichen am Durchschnitt zu den günstigsten zählten, so ist zu ermessen, welche Möglichkeiten als Reserven in der Organisation noch gesteckt haben. Vom Standpunkt der Konstruktion aus gesehen, hätte auch die 01 001 eine solche hohe Ausnutzung erfahren können.
Blättert man im Betriebsbuch der 01 001, so spiegeln sich in den dort vermerkten „Bauartänderungen" der ersten Jahre die Sorgen wider, die nun einmal mit jeder Neuschöpfung dem Konstrukteur erwachsen.
Zur Verbesserung der Dampfwirtschaft waren gegenüber der Übung bei den Preußischen Konstruktionen die schädlichen Räume, insbesondere die Abstände zwischen Kolben und Deckel in den Endlagen der Kolben wesentlich verkleinert worden. Das brachte entsprechend hohe Kompressionsenddrucke mit ihren Rückwirkungen auf das Triebwerk. Hinzu kam, daß die Lokomotive mit einer sogenannten Kondensatrückgewinnungsanlage ausgerüstet worden war: das im Oberflächenvorwärmer – oben im Scheitel der Rauchkammer angeordnet – anfallende Kondensat lief im Gefälle dem Wasserraum des Tenders zu und erhöhte damit den Wasservorrat um etwa 1/10. Auf dem Tender war ein Leinenfilter eingeschaltet, um Öl von der Zylinderschmierung her zurückzuhalten. So schön diese Anlage gedacht war, hat sie doch von Anfang an viele Sorgen bereitet. Die Leineneinsätze hielten nicht, die Wasserbehälter verölten, das Speisewasser im Kessel neigte mehr und mehr zum Aufschäumen und damit der Kessel zum Wasserüberreißen. Holzkohlen- bzw. Kokseinsätze brachten zwar einen Ölrückhalt, sie stauten aber auch den Kondensatablauf. Das in der Zulaufleitung vom Vorwärmer her stehende Kondensat lief bei entsprechender Beschleunigung oder Verzögerung der Lokomotive in die Zylinder und löste auch auf diesem Wege Wasserschläge aus. Triebwerks-, Zylinder-, Kreuzkopf- und selbst Rahmenschäden – diese im Zusammenwirken mit Fehlbearbeitungen, d. h. Kerben in den Barren an hochbeanspruchten Stellen – waren die Folge. Verstärkte Kreuzköpfe, verbreiterte Stangenlager, vergrößerte Abstände zwischen Kolben und Deckel, erstmaliges Schweißen der starken Barrenrahmen folgten. Man wurde der Sache aber erst Herr mit dem Ausbau der Kondensatrückgewinnungsanlage. Erst mit dem viel später die Oberflächenvorwärmeranlage ablösenden Mischvorwärmer ist die Kondensatrückgewinnung wieder eingeführt worden.
Andere Schwierigkeiten ergaben sich bei den kleinen Laufraddurchmessern von 850 mm. Abblätterungen in den hochbeanspruchten Laufflächen, Heißlaufneigung durch Bundreibung als Folge hoher seitlicher Führungskräfte zusammen mit den hohen Drehzahlen waren eine Störungsquelle. Eine der schwerwiegendsten Entscheidungen in diesem Zusammenhang war wohl die Herabsetzung des ursprünglichen Zylinderdurchmessers von 650 mm auf 600 mm durch Einziehen von Laufbuchsen, zur Verminderung der Kolben- und Massenkräfte mit ihren Rückwirkungen auf Trieb- und Laufwerk, Rahmen und die Schleuderneigung. Hier mußte ein Kompromiß geschlossen werden zwischen dem Streben des Konstrukteurs nach bester Ausnutzung der Dampfmenge durch weitestgehende Dehnung und den Verhältnissen der Praxis. Gemessen am Ganzen waren diese Kinderkrankheiten gegenüber den erzielten Fortschritten unbedeutend. Seit dem Anfang der 1930er Jahre erscheinen deshalb in den Aufzeichnungen im Betriebsbuch keine grundsätzlichen Bauartänderungen mehr. Der äußere Eindruck wurde allerdings wesentlich beeinträchtigt durch eine außerordentliche Vergrößerung der Windleitbleche gegenüber der kleinen Form, die sich als nicht wirksam genug erwies. Die Pumpen, die ursprünglich hinter diesen Blechen verdeckt und deshalb schlecht zugänglich lagen, wurden später auf Fahrzeug-Längsmitte und dort offen verlegt. Die ursprüngliche Anordnung trug den Blechen den Spitznamen „Schambleche" ein.
Was noch an Änderungen kam, war Ausdruck der wechselnden Zeitverhältnisse, Verdunkelungseinrichtungen, Führerstandsschutz gegen Beschuß durch Flieger, kriegsmäßige Entfeinerung, Umstellung auf Ersatzstoffe im wahrsten Sinn des Wortes, das sind alles Maßnahmen,

Aus der Frühzeit der Einheitsloks: Maschine 01 184 verläßt die Henschel-Werke in Kassel. Ab Juni 1936 ist sie beim Bw Dresden Altstadt stationiert. (Foto: Kreutzer)

Anzeige der Lokomotivfabrik Krauss-Maffei aus dem Jahre 1941.

Die Lieferung von Einheitslokomotiven zwischen 1925 und 1959

Baureihe	1925	26	27	28	29	30	31	32	33	34	35	36	37	38	39	40	41	42	43	44	1945 Reichsbahn	1945 Bundesbahn	46	47	48	49	50	51	52	53	54	55	56	57	58	1959	Gesamtstückzahl
01	1	9	17	45	3	14	11			17	48	29	31	9																							234
01^{10}															1	54																					55
02	8	2																																			10
03						3	48	42	41	35	29	70	25	4																							297
03^{10}															2	40	18																				60
04								2																													2
05											2										1																3
06															2																						2
10																																		2			2
23																	2										5	10	8	2	27	18	6	10	6	13	2+105
24				51	12		3	2				6		13		6																					93
41													2		285	59	15																				361
42																			2	760	60	11	4	1													838
43			10	25																																	35
44		10							2				32	64	99	67	412	649	329	88																	1752
45													2			4	22																				28
50															235	655	839	1055	317	58																	3159
52																		192	3744	2080	12	11	27	1	10	11	12	5									6105
52 Kon																			86	75	1	7		2													171
61											1				1																						2
62				2				13																													15
64			1	172	42	6	4	6	43	48	5	22	26	17	1	59																					452
65																												13				2	3				18
66																																2					2
71^{0}											2					1	2	1																			6
80			7	20	12																																39
81				10																																	10
82																											17	20				4					41
84												4	16																								20
85									8																												8
86					5		10	64	27	70	28	39	13	9	77		77	263	57																		739
87				13	1																																14
89^{0}											7			4																							11
Gesamtstückzahl	9	21	35	338	75	23	76	129	121	170	122	170	147	120	703	945	1387	2160	4535	3061	74	29	31	4	10	11	34	48	8	2	27	26	9	12	6	13	14 691

ie niemand in guter Erinnerung haben dürfte.)ie Jahre nach 1945 brachten die entsprechen-en Rückumstellungen.
n diesem Zusammenhang soll aber eine Maß-ahme aus diesen letzten Jahren nicht uner-vähnt bleiben: die Änderung der Saugzugan-age. Die Konstrukteure der Einheitslokomoti-en hatten es sich zum Ziel gesetzt, mit einem Gegendruck im Zylinder auszukommen, der in möglichst völliges Indikatordiagramm er-ab. Mit tiefliegendem Blasrohr und weitem Schornstein, großräumiger Rauchkammer soll-e die restliche Dampfenergie mit hohem Wir-ungsgrad zur Feueranfachung ausgenutzt wer-len. Das setzte gleichzeitig eine andere Feuer-ührung voraus, nämlich ein niedriges Feuer-ett. Feuerungstechnisch entsprach das durch-us dem Stand der Technik. Für die Heizer be-leutete es aber eine erhebliche Umstellung. Sie varen von den schmalen langen Feuerbuchsen ier das Gassenfeuer mit bevorzugter Beschik-ung der Rostseitenflächen und eine relativ ho-ie Feuerschicht gewohnt, beides Merkmale der eiz- und rostflächenmäßig bis dahin knapp be-nessenen Kessel. Der neue Kessel sollte bei im Durchschnittsbetrieb geringeren spezifischen Belastungen und hoher Ausnutzung der Rauch-gaswärme eine hoch liegende Wirkungsgrad-kurve mit breitem Scheitel haben, die auch tat-sächlich erreicht worden ist. Bei mittleren Lei-stungen und nicht entsprechender Feuerfüh-rung, d. h. zu hoher Schicht empfand das Perso-nal diese Kessel vielfach als verdampfungsträ-ge. Nach Umstellung und Gewöhnung wurde das vom Konstrukteur angestrebte Ziel er-reicht. Nach 1945 änderten sich die Verhältnis-se grundlegend. Mit der fortschreitenden Me-chanisierung des Abbaus der Kohlen in den Gruben, der Mechanisierung der Verladung und Bebunkerung wuchs zunehmend der Anteil an Feinem gegenüber Stücken. Das zwang schließlich zu einer grundlegenden Änderung der Saugzuganlage mit dem Ziel ihrer wesentli-chen Verstärkung durch höheren Gegendruck und Verbesserung der Luftzufuhr zum Rost durch Seitenluftklappen unterhalb des Boden-rings. Auch die 01 001 erhielt diese Änderung. Die ursprüngliche Befürchtung einer Ver-schlechterung des Kohlenverbrauchs erwies sich als unberechtigt. Die Verbesserung der Verbrennung wog die Nachteile auf der Dampf-seite durch den höheren Gegendruck voll auf; der offensichtliche Rückgang von Zuglaufstö-rungen als Folge von Dampfmangel wirkte sich nur günstig aus.
Der technische Fortschritt hat vor dem Typisie-rungsprinzip nicht halt gemacht. Gemäß den wachsenden Anforderungen an den Betieb, be-sonders durch die Steigerung der Höchstge-schwindigkeit der Reisezüge, wurden unum-gängliche Änderungen vorgenommen. So wur-de die Höchstgeschwindigkeit der Lokomotive auf 130 km/h gebracht. Im übrigen wurden aber die Serienbeschaffungen der 01 nicht mit Expe-rimenten belastet. Versuche mit höheren Drük-ken, Ventilsteuerung, Turbinenantrieben wur-den mit ausgesprochenen Versuchslokomoti-ven durchgeführt, ohne daß sich aber hieraus grundsätzliche Änderungen der Einheitsloko-motivkonstruktion ergeben haben.
Für den gesamten Zeitraum der Einheitsloko-motiven bestanden ganz andere Grundbedin-gungen als heute. Die Kohle war relativ billig, zumindest gemessen an den Preisen für Diesel-öl, die elektrische Zugförderung begann sich erst durchzusetzen, Löhne und Gehälter hatten noch nicht den bestimmenden Einfluß auf die Betriebskosten gewonnen, und vor allem war der Anteil der Schiene am Gesamtverkehr noch nicht so gefährdet wie heute. Die Dampfloko-motive ohne komplizierte Energieumsetzungs-verfahren – mit ihren sofort hohen Anlage- und Unterhaltungskosten – erwies sich in allen Wirtschaftlichkeitsberechnungen immer wieder allen anderen Verfahren als überlegen. An Versuchen, Lokomotiven mit Verbrennungs-motoren einzusetzen, hat es nicht gefehlt, aber die Zeit war hierfür noch nicht reif. Konnten sich aber schon die neuen Einheitslokomotiven trotz ihrer eindeutig bewiesenen Vorzüge bei der Unverwüstlichkeit des vorhandenen Loko-motivparks nur ganz langsam durchsetzen, wie-viel schwerer wäre der Entschluß durchführbar gewesen, etwa den Park auf Hochdruck- oder Turbinenlokomotiven allgemein umzustellen. Dazu reichten die an sich bewiesenen erheblich höheren Wirkungsgrade nicht aus.
Die Einheitslokomotiven, die an sich gar nicht von der Grundform der Dampflokomotive etwa so abweichen, daß sie eine einschneidende Um-stellung in den bestehenden Behandlungsanla-gen oder Ausbesserungswerken verlangt hätten konnten ihre Vorzüge nur dann zur Wirkung kommen lassen, wenn sie in möglichst kurzem Zeitraum die Masse der vorhandenen Länder-lokomotiven ersetzt hätten. So, wie sie tatsäch-lich eindrangen – das zeigt sich klar in der Tafel über die Lieferung von Einheitslokomotiven seit ihrer Entstehung bis zum heutigen Tag –, trugen sie zu einer Vermehrung der Gattungen bei. Da sich auch der Austauschbau auf die Länderbauarten nur in ganz beschränktem Ma-ße übertragen ließ, hat sich bis heute das

Die von der Bundesbahn zwischen 1955 und 1958 mit neuen Kesseln versehenen 01-Einheitsloks bekamen durch neue Schlote, Umläufe und Windleitbleche ein ganz eigenes „Gesicht". (Foto: Carl Bellingrodt)

Endpunkt der Entwicklung: Die letzte Neubaulokomotive der DB, Betriebsnummer 23 105, wurde von der Lokfabrik Jung unter Fabrik-Nummer 13 113 am 2. Dezemb
1959 abgeliefert und zwei Tage darauf von der DB übernommen.

Zweierlei im Dampflokomotivbau erhalten. Eine der zu Anfang dieser Ausführungen aufgezählten Voraussetzungen für eine wirksame Typisierung hat sich eben nicht erfüllt, nämlich die erwarteten Massenaufträge hat es nicht gegeben. Es ist eine Ironie des Schicksals gewesen, daß erst im Zweiten Weltkrieg ein ausgesprochener Massenauftrag erteilt wurde, nämlich auf 25 000 Lokomotiven einer Type – die aber nicht alle gebaut worden sind –, bei der dann die Entwicklungs-, Bau- und Fertigungsgrundsätze der Einheitslokomotive Anwendung gefunden haben; es war die Baureihe 52, die heute im Bestand nicht mehr geführt wird.

Die Reihe 01 hat nur 234 Lokomotiven erreicht, während von der Reihe 50 und der aus ihr abgeleiteten 52 über 9 000 Stück gebaut worden sind. Selbst wenn man berücksichtigt, daß die Entwicklung des Verkehrs und Betriebes an die Stelle der 01 ab 1939 die 01^{10} und schon seit 1930 die 03, 03^{10} treten ließ, so sind für alle diese Lokomotiven niemals Massenaufträge zustande gekommen. Erst der heutige Strukturwandel läßt durch beschleunigte Ausmusterung der immer noch laufenden Länderbauarten den prozentualen Anteil der Einheitslokomotiven am Gesamtpark steigen; heute sind 54 % erreicht. Es ist aber auch nur der prozentuale Anteil, der absolute sinkt ständig ab.

Die Ausmusterung der 01 001 ist in der Gesamtentwicklung nur gerade durch die Eigenart als seinerzeit erstgelieferte Lokomotive bedeutsam. Ausgemustert sind Einheitslokomotiven aller Gattungen bereits in großem Umfang, dabei überwiegend wesentlich jüngere. Von den später gelieferten der insgesamt 153 bei der Deutschen Bundesbahn vorhandenen 01 werden vorläufig 50 noch weiter im Betrieb bleiben. Es lohnte sich auch noch im Rahmen des Strukturwandels, diese Lokomotiven zu modernisieren. Sie haben schon teilweise oder werden noch neue, in allen Teilen geschweißte Kessel nach neuen Baugrundsätzen erhalten, außerdem Rollenlager im Triebwerk. Der äußere Eindruck der 01 hat sich dadurch verändert und der Form der nach 1945 noch entwickelten Typen angepaßt.

Die Ausmusterung der 01 001 fällt in das gleiche Jahr, in dem für die Deutsche Bundesbahn die letzte Neubau-Dampflokomotive aus der Baureihe 23 zur Ablieferung kommt. Damit schließt sich der Kreis: die 01 001 war der Anfang, die 23 105 ist das Ende einer technisch bedeutsamen Entwicklung.

Im Schnellzugdienst beim Bw Hamm: Lokomotive 01 032, mit dem D 4 in Elberfeld einfahrend. Aufnahme 1931. (Foto: Bellingrodt)

86 197

)ie Einheitslokomotiven und ihre Schilder

)a waren einmal die Lokomotiv-Nummernschilder nit den charakteristischen rundlichen Ziffern, meist ı Rotguß ausgeführt, die den Reichsbahnloks der 3aujahre zwischen 1925 und 1938 ein unverwechsel-›ares Äußeres gegeben haben. Hierauf wurden die spitzen Ziffern" auf Aluminiumschildern eingeführt, vie wir sie auf den Seiten 75 und 95 beispielhaft ehen können. Bald darauf, mit dem weiteren ortschreiten des Krieges, wurden die Lokomotivnummern nur noch auflackiert, und auch viele ältere Schilder wurden zur Rohstoffgewinnung wieder eingeschmolzen.

Eine Besonderheit der Einheitslokomotiven war auch, daß die Reichsbahn außer dem vorgeschriebenen Herstellerschild am Rahmen nach einigem Zögern auch einem deutlich sichtbaren, werbenden Schild des Lieferanten auf der Zylinderverkleidung zustimmte. Im Bild links sind die unterschiedlichen Schilder an der von Orenstein & Koppel (Nr. 12 501/ 1934) gebauten 86 197 klar zu erkennen.

Die vier Aufnahmen unten zeigen zunächst die vorgeschriebenen Herstellerschilder der Loks 01 067 (AEG) und 44 139 (Borsig), darunter die Herstellerschilder von zwei Einheitslokomotivtendern (Esslingen und Orenstein & Koppel), die zum Teil unter besonderen Nummernreihen gebaut wurden.

Hier nun eine Kollektion von Fabrikschildern, wie sie auf den Zylindern unserer Einheitslokomotiven angebracht waren: Schlicht das von Borsig (03 202), unverwechselbar das von Krauss-Maffei (41 166), als Sammlerobjekt heißbegehrt das von Schwartzkopff (50 2988), dem hier leider schon das Porträt des Firmengründers in der Mitte fehlt, und streng das von Krupp (44 1315).

Die Fabrikschilder auf dieser Seite sind teilweise etwas älter und deshalb in ihrer Gestaltung auch reizvoller: Jung baute die 64 104, Hohenzollern die heute in Bochum-Dahlhausen stehende 80 030, übrigens als eine ihrer letzten Dampfloks. Das Henschel-Fabrikschild trug die 85 002 im Höllental, und bei der Platte von Schichau haben wir es mit der 86 216 zu tun. Der Zahn der Zeit wie die Brechstange des „Sammlers“ haben diesen Schildern teilweise schon mächtig zugesetzt.

1.)
Baureihe 01
Bauart 2′C1′ h2
Gattung S 36.20

Die Reihe 01 war für den schweren Schnellzugdienst auf den Strecken bestimmt, die bereits für 20 t Achslast ausgebaut waren. Wichtige Änderungen nach dem Kriege waren der Einbau von Hochleistungskesseln mit Verbrennungskammern und Mischvorwärmern an fünfzig Loks, ferner der Anbau von Witte-Windleitblechen und Wälzlagern. In der DDR wurden 35 Loks zur Reihe 01^5 rekonstruiert, teilweise mit Ölfeuerung.

Lok-Nr.	Lieferfirma	Baujahr/F.-Nr.	Bemerkungen
01 001—008	Borsig	1925/11 993—12 000	
009—010	Allg. Elektr.-Ges.	1926/ 2 983— 2 984	
011	AW Meiningen	1937/ 1	Umbau aus 02 001
012—021	Borsig	1927/12 023—12 032	
022—040	Henschel	1927/20 825—20 843	
041—052	Hohenzollern	1928/ 4 586— 4 597	
053—066	Schwartzkopff	1928/ 9 007— 9 020	
067—076	Allg. Elektr.-Ges.	1928/ 3 936— 3 945	
077—086	Schwartzkopff	1930/ 9 306— 9 315	
087—089	Krupp	1930/ 1 166— 1 168	bei Hohenzollern bestellt
090—101	Krupp	1930/ 1 170— 1 181	
102—109	Henschel	1934/22 459—22 466	
110—114	Schwartzkopff	1934/10 308—10 312	
115—121	Krupp	1934/ 1 412— 1 418	
122—140	Henschel	1935/22 564—22 582	
141—149	Krupp	1935/ 1 424— 1 432	
150—175	Henschel	1935/22 698—22 723	
176—190	Henschel	1936/22 919—22 933	
191—205	Henschel	1936/23 243—23 257	
106—212	Krupp	1936/ 1 610— 1 616	
213—223	Henschel	1937/23 461—23 471	
224—232	Henschel	1938/23 555—23 563	
233—241	AW Meiningen	1938—1941	Umbau aus 02 (s. dort)

Abweichungen in der Bauart:

01 001—010: 14 atü Kesseldruck, 5800 mm Rohrlänge, Laufrad-∅ 850 mm, Vmax 120 km/h, Kupferfeuerbüchse
012—076: 16 atü Kesseldruck, 5800 mm Rohrlänge, Laufrad-∅ 850 mm, Vmax 120 km/h, Kupferfeuerbüchse
077—101: 16 atü Kesseldruck, 6800 mm Rohrlänge, Laufrad-∅ 850 mm, Vmax 120 km/h, Stahlfeuerbüchse
102—232: 16 atü Kesseldruck, 6800 mm Rohrlänge, Laufrad-∅ 1000 mm, Vmax 130 km/h, Stahlfeuerb., Scherenbremse
087—089: Friedmann-Abdampfinjektor (später ausgebaut)

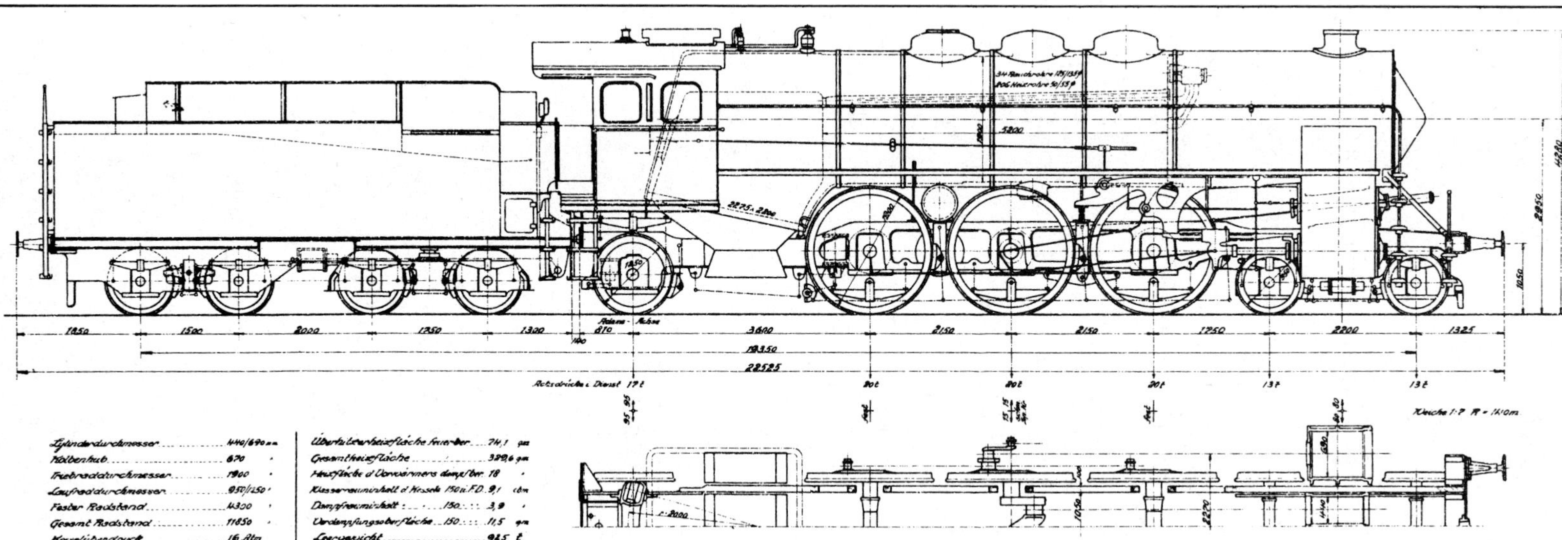

Zylinderdurchmesser	440/690 mm	Überhitzerheizfläche feuerber.	74,1 qm
Kolbenhub	670 "	Gesamtheizfläche	329,6 qm
Triebraddurchmesser	1900 "	Heizfläche d. Vorwärmers dampfber.	18 "
Laufraddurchmesser	950/1250 "	Wasserrauminhalt d. Kessels 150 ü. F.D.	9,1 cbm
Fester Radstand	4300 "	Dampfrauminhalt : . . 150 : : :	3,9 "
Gesamt Radstand	11850 "	Verdampfungsoberfläche . 150 : : :	11,5 qm
Kesselüberdruck	16 Atm	Leergewicht	92,5 t
Rostfläche	5,0 qm	Dienstgewicht	103 t
Heizfläche d. Feuerbüchse feuerber.	16,2 "	Reibungsgewicht	60 t
Heizfläche d. Röhren	239,3 qm	Zugkraft 0,4 p $\frac{d^2 h}{D}$	10750 kg
Kessel Sattdampfheizfläche	255,5 "	Höchstgeschwindigkeit	120 km/std.

Aus der Vorgeschichte der Reihe 01/02: Maffei-Projekt des Jahres 1923.

Einheitslokomotive der Baureihe 01, erstmals gebaut 1925. Achsfolge 2′C1′ h2. Die Maschine 01 008 wurde 1925 unter der Fabrik-Nr. 12 000 von Borsig geliefert. Vorserie der schweren Zweizylinder-Schnellzuglok mit 5800-mm-Rohren. Tender 2′2 T 30. **Heute im Besitz der DGEG in Bochum-Dahlhausen.**

Die Maschine 01 088 wurde 1930 unter der Fabrik-Nr. 1167 von Krupp geliefert. Sie war ursprünglich bei Hohenzollern bestellt. Sonderausführung mit Friedmann-Abdampfinjektor. Tender 2′2′ T 32.

01 044

01 091

01 110

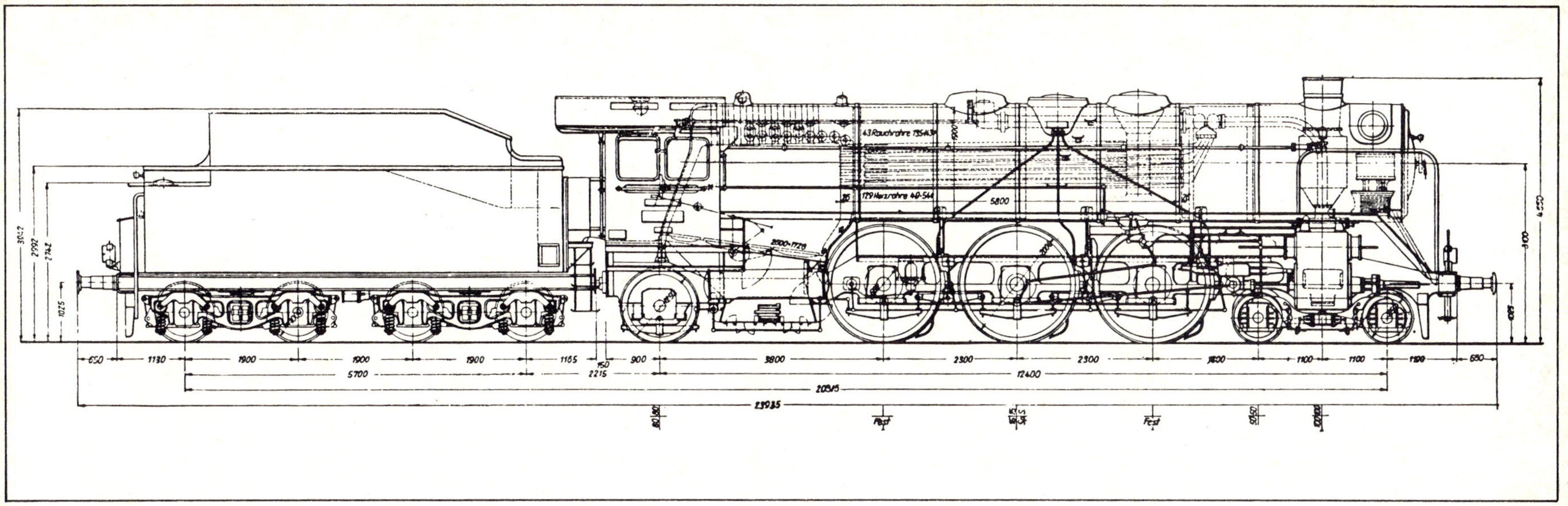

Linke Seite oben: Einheitslokomotive 01 044. Die Maschine wurde 1928 unter der Fabrik-Nr. 4589 von Hohenzollern geliefert. Erste Hauptserie, 16-atü-Kessel.

Mitte: Einheitslokomotive 01 091. Die Maschine wurde 1930 unter der Fabrik-Nr. 1171 von Krupp geliefert. Stahlfeuerbüchse, 6800-mm-Rohre.

Unten: Einheitslokomotive 01 110. Die Maschine wurde 1934 unter der Fabrik-Nr. 10 308 von Schwartzkopff geliefert. Scherenbremse, 1000-mm-Räder vorn. Tender 2′2′ T 32,5.

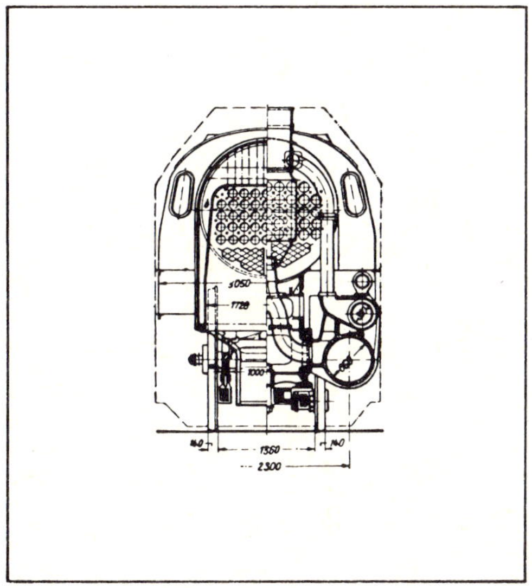

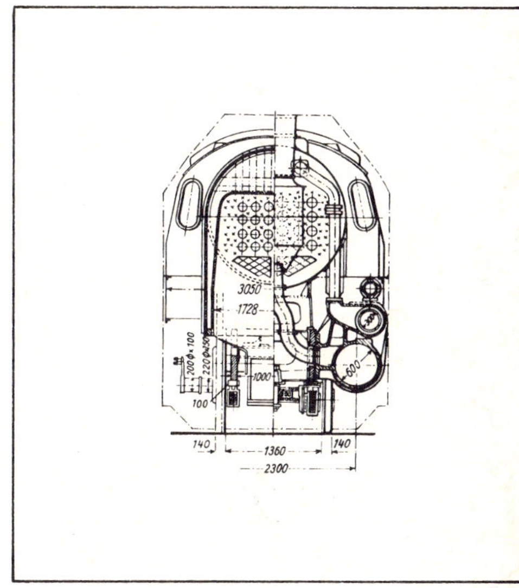

Typenskizzen der Reihe 01 mit 5,8-m-Kessel (oben und rechts) und Tender 2′2′ T 32.

Unten und rechts außen die Skizzen der Reihe 01 mit 6,8-m-Kessel und Tender 2′2′ T 32,5.

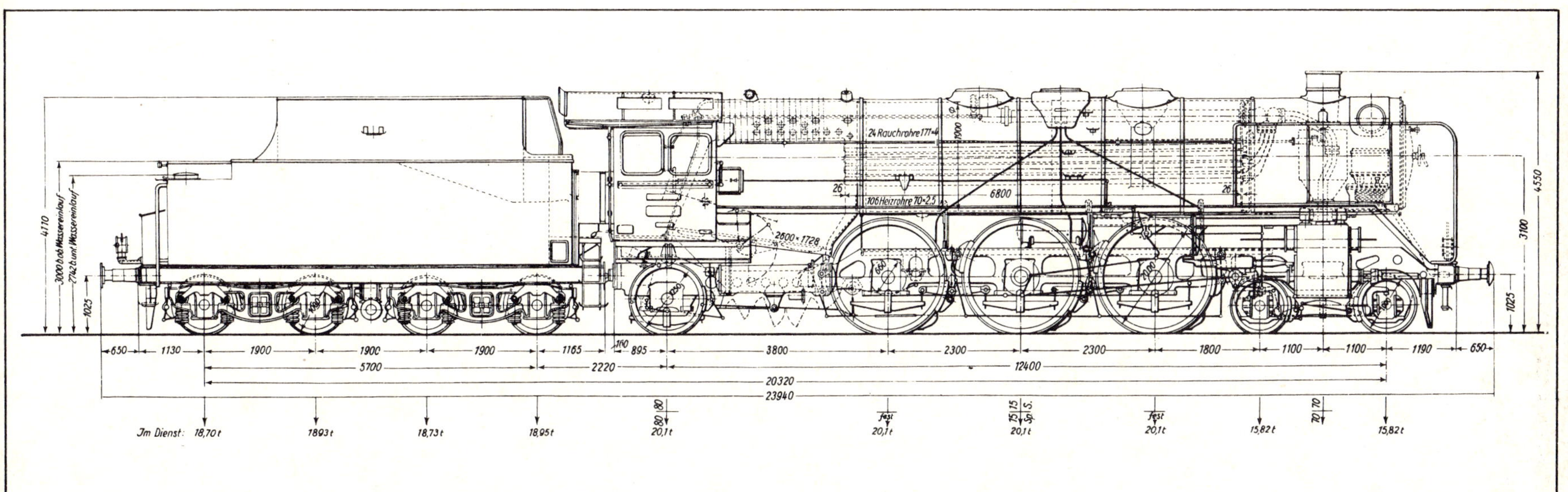

Deutsche Reichsbahn
01 053

01 175

2.)
Baureihe 01^{10}
Bauart 2′C1′ h3
Gattung S 36.20

Die Reihe 01^{10} trat ab 1938 die Nachfolge der Baureihe 01 im Beschaffungsprogramm an. Die Stromlinienverkleidung und das Dreizylindertriebwerk sollten eine Höchstgeschwindigkeit von 140 km/h und einen ruhigeren Lauf ermöglichen. Im Kriege wurde die Verkleidung bereits ausgeschnitten, später ganz demontiert. Die DB ließ ab 1953 neue Verbrennungskammerkessel und ab 1959 bei 34 Loks eine Ölhauptfeuerung einbauen.

Lok-Nr.	Lieferfirma	Baujahr/F.-Nr.	Bemerkungen
01 1001	Schwartzkopff	1939/11 000	Vorauslok
1002—1051	Krupp	— /. . .	1940 storniert
1052—1105	Schwartzkopff	1940/11 308—11 361	
1106—1130	Borsig	— /14 982—15 006	1940 storniert
1131—1155	Henschel	— /26 044—26 068	1940 storniert
1156—1180	Krauss-Maffei	— /. . .	1940 storniert
1181—1205	Schwartzkopff	— /. . .	1940 storniert

Links oben: Die Maschine 01 053 wurde 1927 unter der Fabrik-Nr. 9007 von Schwartzkopff geliefert. Erste Hauptserie der schweren Schnellzuglokomotive, 16-atü-Kessel, Kupferfeuerbüchse, 5800-mm-Rohre, 850-mm-Laufräder. Aufnahme in Wildau.

Links unten: Die Maschine 01 175 wurde 1936 unter der Fabrik-Nr. 22 623 von Henschel geliefert. Regelausführung der schweren Schnellzuglok. Tender 2′2′ T 32,5.

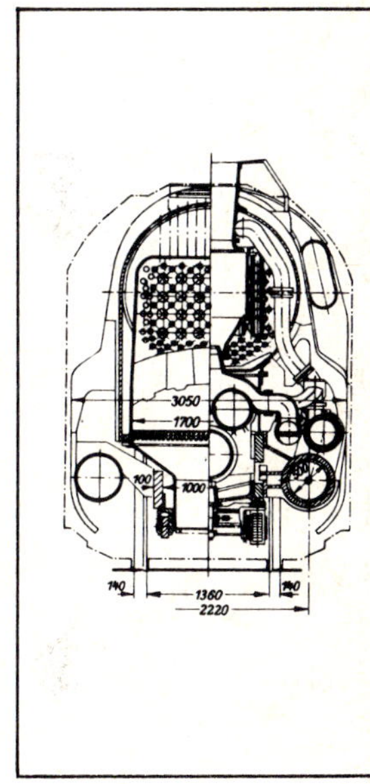

Rechts: Das Fabrikschild der Lokomotive 01 1094.
Unten und rechts außen: Skizze der Reihe 01^{10} mit Tender 2′3 T 38 St.

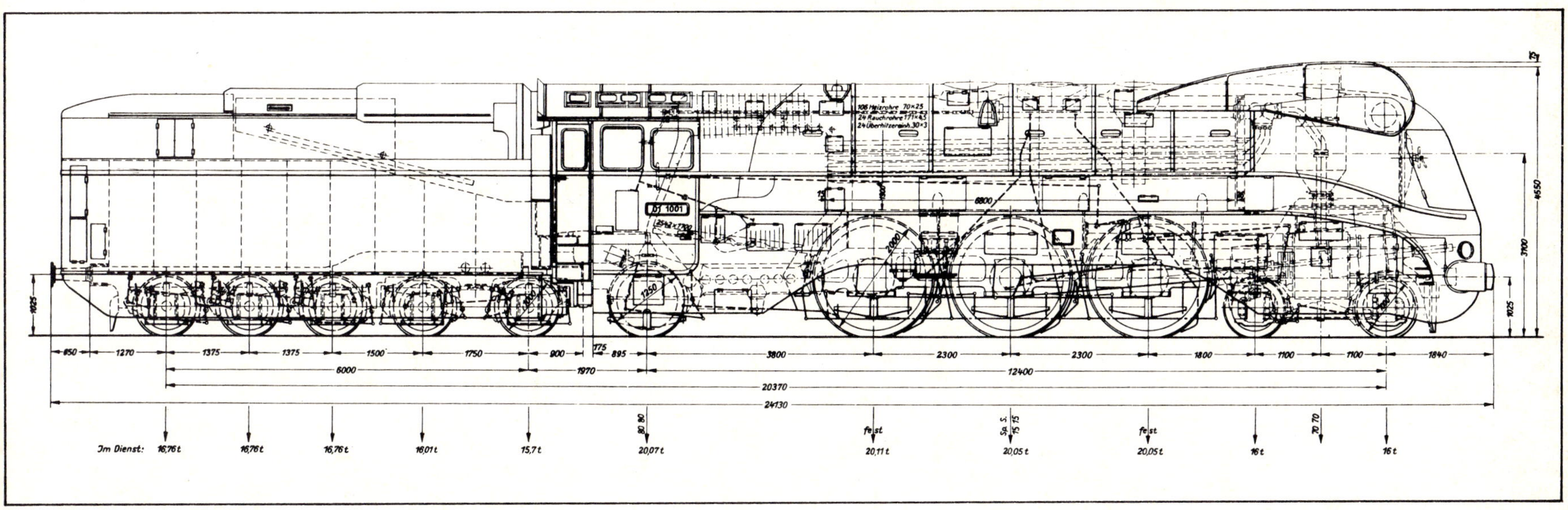

01 1001

02 003

02 010

Links oben: Einheitslokomotive der Baureihe 01^{10}, Achsfolge 2′C1′ h3. Die Maschine 01 1001 wurde 1939 unter der Fabrik-Nr. 11 000 von Schwartzkopff geliefert. Schwere Schnellzuglok mit Dreizylindertriebwerk und Stromlinienverkleidung.

Mitte: Einheitslokomotive 02 003 mit Vierzylinder-Verbundtriebwerk. Die Maschine wurde 1925 unter der Fabrik-Nr. 20 462 von Henschel geliefert. 5,8-m-Kessel.

Unten: Einheitslokomoive 02 010. Die Maschine wurde 1926 unter der Fabrik-Nr. 5622 von Maffei geliefert. Kessel mit 6800-mm-Rohren. Beide mit Tender 2′2 T 30.

Rechts: Stirnansicht der Lok 02 003 von Henschel.

3.)
Baureihe 02
Bauart 2′C1′ h4v
Gattung S 36.20

Die Reihe 02 war zum Vergleich mit der zweizylindrigen 01 im Schnellzugdienst bestimmt. Nach den seinerzeitigen Meßergebnissen soll die 02 im unteren Geschwindigkeitsbereich überlegen, die 01 aber bei höherem Tempo wirtschaftlicher gewesen sein. So wurde die Reihe 02 nicht weiterbeschafft und ab 1937 in die Schwesterbauart umgewandelt.

Lok-Nr.	Lieferfirma	Baujahr/F.-Nr.	Bemerkungen
02 001—008	Henschel	1925/20 460—20 467	5800 mm Rohrlänge
009—010	Maffei	1926/ 5 621— 5 622	6800 mm Rohrlänge
Sämtliche Lokomotiven wurden in den Jahren 1937—42 zu Loks der BR 01 umgebaut. Umnumerierung:			
01 011	AW Meiningen	1937/ 1	Umbau aus 02 001
233	AW Meiningen	1938/ 2	Umbau aus 02 005
234	AW Meiningen	1938/ 3	Umbau aus 02 003
235	AW Meiningen	1938/ 4	Umbau aus 02 010
236	AW Meiningen	1939/ 5	Umbau aus 02 007
237	AW Meiningen	1939/ 6	Umbau aus 02 002
238	AW Meiningen	1940/ 7	Umbau aus 02 009
239	AW Meiningen	1941/ 8	Umbau aus 02 006
240	AW Meiningen	1942/ 9	Umbau aus 02 008
241	AW Meiningen	1942/ 10	Umbau aus 02 004

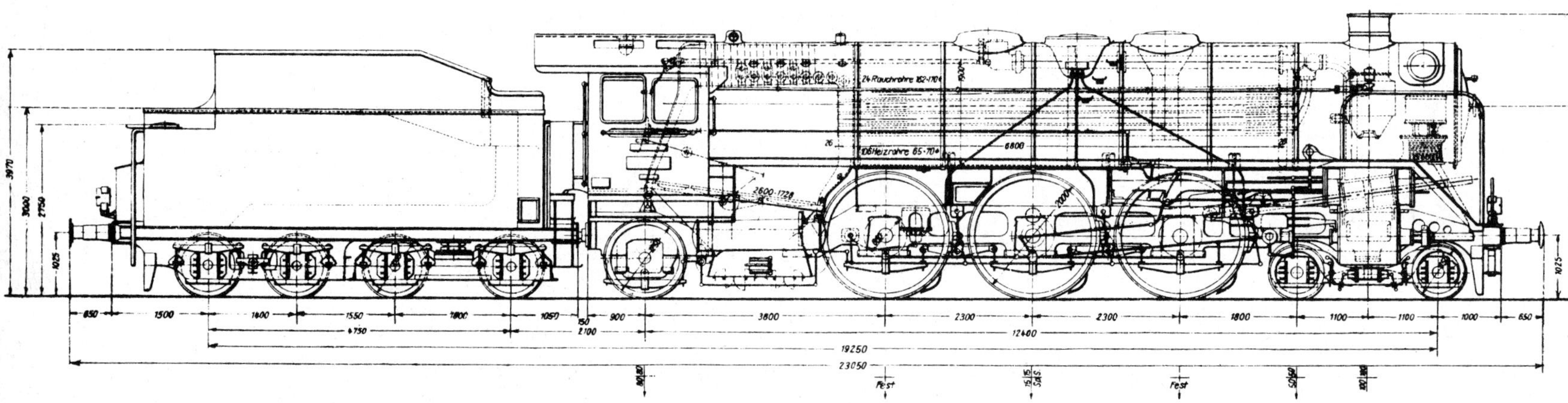

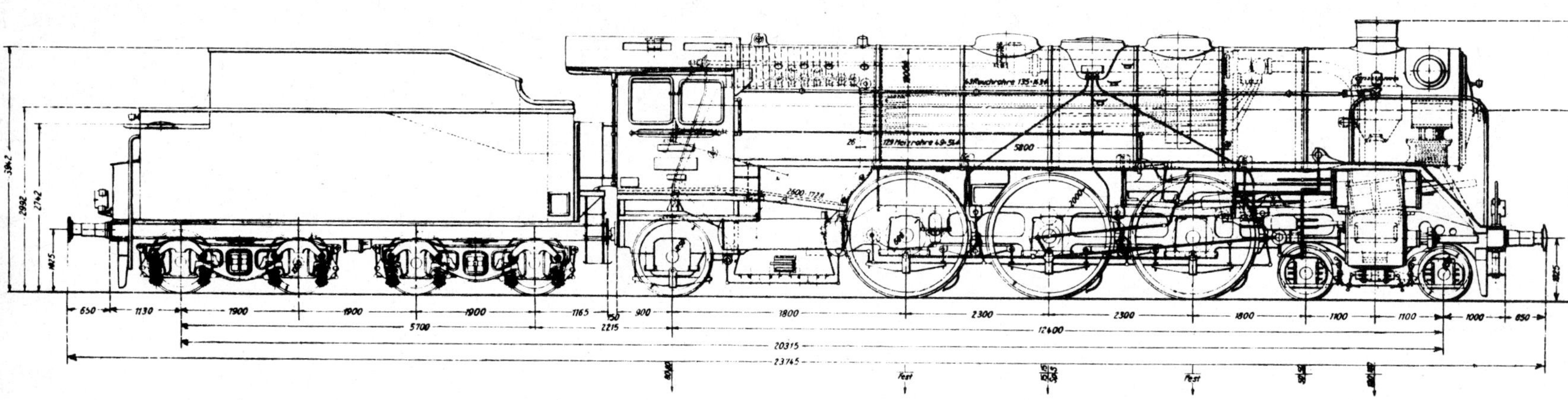

inks und unten die Skizzen der Reihe 02 ıit den Kesseln von 5,8 m und von 6,8 m ohrlänge.

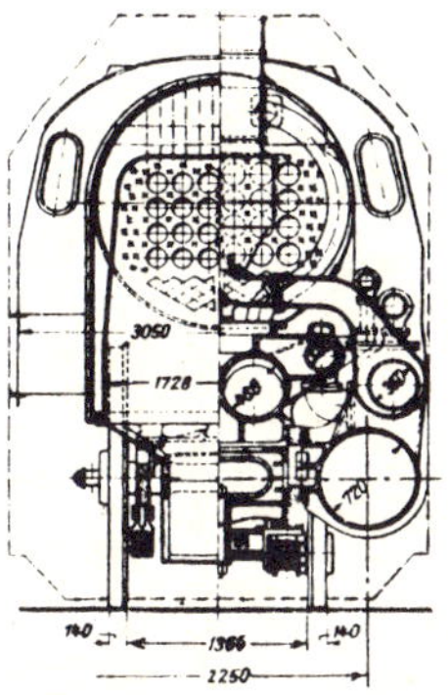

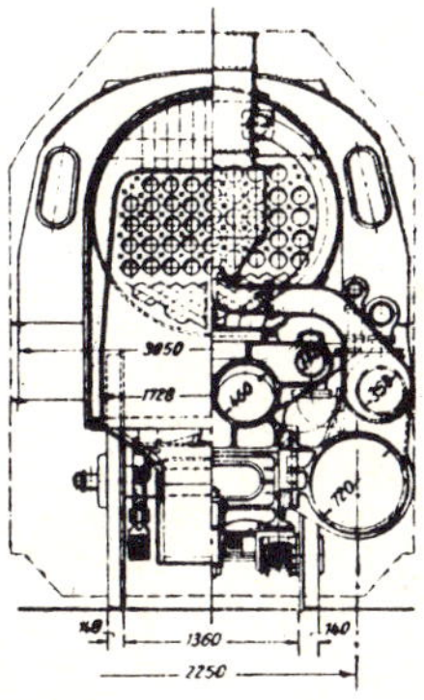

Oben: Ein Blick in den Führerstand der schweren Verbund-Schnellzuglok 02 003.

Hochdruck-Versuchslokomotive H 02 1001. Achsfolge 2'C1' h3v. Die Maschine wurde 1929 unter der Fabrik-Nr. 8831 von Schwartzkopff gebaut, von der Reichsbahn aber nicht übernommen. 120-atü-Löffler-Kessel. Tender 2'2' T 32. Angelehnt an Reihe 01. Für den Fall eines Umbaues in die Normalausführung hielt die Reichsbahn lange Zeit die Nummer 01 011 frei, ehe diese 1937 mit der umgebauten 02 001 besetzt wurde.

4.)
Baureihe 03
Bauart 2′C1′ h2
Gattung S 36.17/18

Weil das Streckenausbauprogramm der Reichsbahn nicht wie erwartet durchgeführt werden konnte, mußte 1929/30 eine leichtere Schnellzuglok entwikkelt und gegenüber der Reihe 01 bevorzugt beschafft werden. Sie wurde besonders im nord- und ostdeutschen Flachland eingesetzt. Verschiedene Loks wurden für 140 km/h zugelassen und vor FD-Zügen und für den FDt-Ersatz verwendet.

Lok-Nr.	Lieferfirma	Baujahr/F.-Nr.	Bemerkungen
03 001—003	Borsig	1930/12 251—12 253	
004—015	Schwartzkopff	1931/10 000—10 011	
016—029	Borsig	1931/14 397—14 410	
030—039	Henschel	1931/22 001—22 010	
040—048	Henschel	1931/22 014—22 022	
049—051	Henschel	1931/22 065—22 067	
052—062	Krupp	1931/ 1 201— 1 211	
063—069	Henschel	1931/22 068—22 074	
070—075	Borsig	1932/14 414—14 419	
076—084	Henschel	1932/22 101—22 109	081 u. 082 m. Friedmann-Abdampf-Inj.
085—090	Krupp	1932/ 1 245— 1 250	
091—093	Schwartzkopff	1932/10 107—10 109	
094—101	Borsig	1933/14 445—14 452	
102—109	Krupp	1933/ 1 271— 1 278	
110—119	Henschel	1933/22 161—22 170	
120	Borsig	1933/14 453	
121	Henschel	1933/22 197	
122	Krupp	1933/ 1 289	
123—128	Borsig	1933/14 465—14 470	
129—138	Henschel	1933/22 209—22 218	
139—143	Schwartzkopff	1933/10 200—10 204	
144—150	Schwartzkopff	1934/10 254—10 260	
151—156	Borsig	1934/14 471—14 476	154 Versuch mit Halbverkleidung
157—162	Henschel	1934/22 232—22 237	
163—165	Schwartzkopff	1934/10 305—10 307	ab 163 S 36.18, 1000 mm Laufrad-∅
166—170	Borsig	1934/14 530—14 534	
171—173	Krupp	1934/ 1 409— 1 411	
174	Borsig	1934/14 535	
175	Henschel	1934/22 475	Lentz-Ventilsteuerung
176—184	Borsig	1935/14 556—14 564	
185—192	Schwartzkopff	1935/10 326—10 333	
193	Borsig	1935/14 554	Stromlinienverkleidung
194—207	Borsig	1935/14 567—14 580	204 Triebwerk halb verkleidet
208—219	Schwartzkopff	1935/10 438—10 449	
220—233	Krupp	1936/ 1 473— 1 486	
234—244	Borsig	1936/14 613—14 623	
245—253	Krupp	1936/ 1 564— 1 572	
254—261	Schwartzkopff	1936/10 506—10 513	
262—269	Borsig	1936/14 628—14 635	
270—275	Schwartzkopff	1936/10 626—10 631	
276—287	Borsig	1937/14 668—14 697	
288—298	Borsig	1937/14 685—14 695	

Die 03-Lokomotiven bestanden in folgenden Grundbauarten:

03 001—122	S 36.17
03 123—298	S 36.18
03 001—162	mit 850 mm Laufraddurchmesser und 120 km/h
03 163—298	mit 1000 mm Laufraddurchmesser und 130 km/h
03 254—298	mit zurückverlegter Luftpumpe und Tender 2′2′ T 34.

03 002
03 002

Fabr. Nr. 10000
03 004
03 004

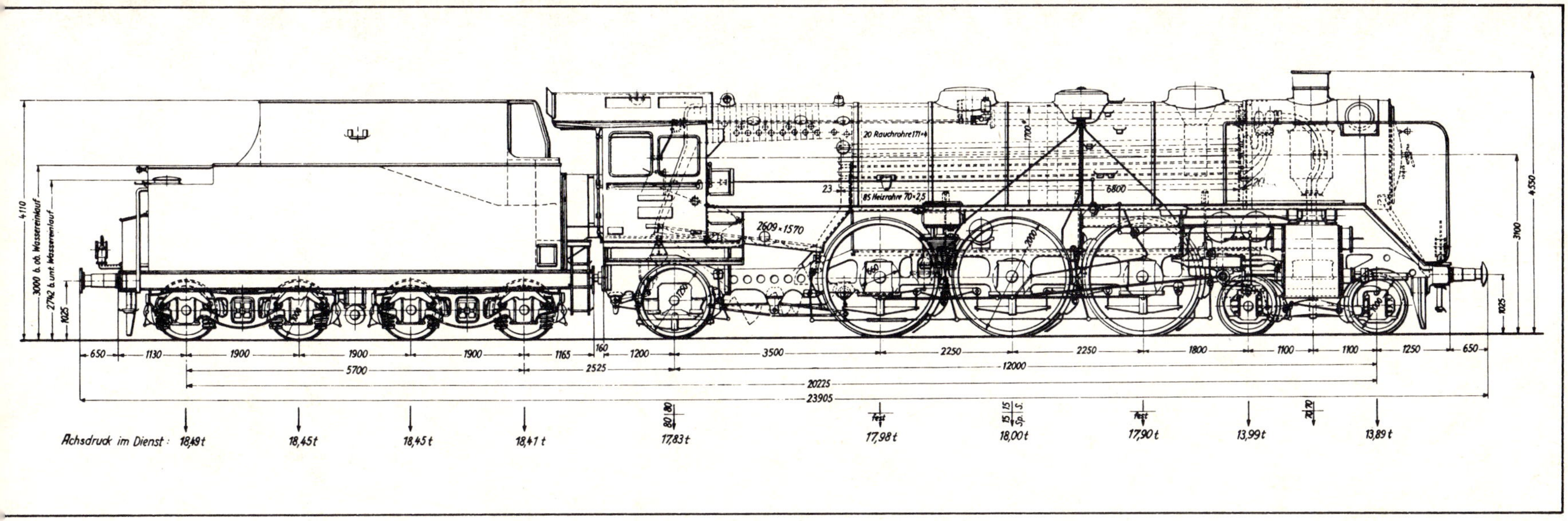

.inks oben: Einheitslokomotive der Baureihe 03, erstmals gebaut 1930. Achsfolge 2′C1′ h2. Die Maschine 3 002 wurde 1930 unter der Fabrik-Nr. 12 252 von Borsig geliefert. Vorserie der mittleren Schnellzuglokoıotive. Tender 2′2 T 30.

.inks unten: Die Maschine 03 004 wurde 1931 unter der Fabrik-Nr. 10 000 von Schwartzkopff geliefert. Mittere Schnellzuglokomotive. Tender 2′2′ T 32.

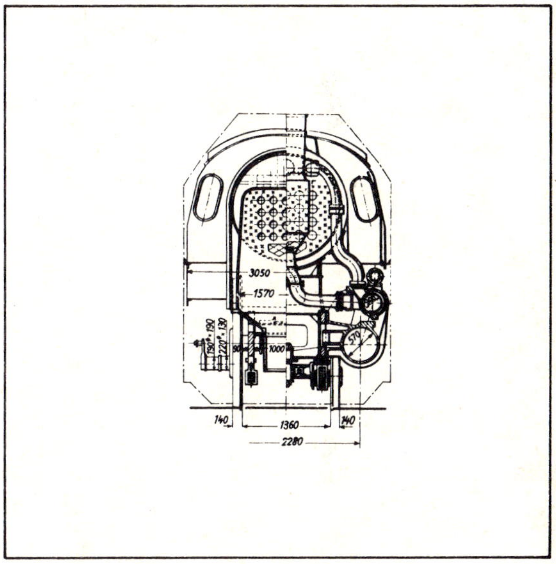

)ben und rechts: Skizzen der Baureihe 03. Unten: Einheitslokomotive 03 189. Die Maschine wurde 1935 ınter der Fabrik-Nr. 10 330 von Schwartzkopff geliefert. Scherenbremse. 1000-mm-Räder vorn. Tender 2′2′ ˉ 32,5.

Links: Stromlinien-Versuchslok 03 154 des Baujahres 1934 mit ausgeschnittenem Triebwerk, Zustand 1939.
Unten: Zum Vergleich die Einheitslokomotive 03 157. Die Maschine wurde 1934 unter der Fabrik-Nr. 22 232 von Henschel geliefert. 18 t Achsdruck, 850-mm-Laufräder, Pumpen in Fahrzeugmitte.

Rechts: Stromlinien-Versuchslok 03 154, Fabrik-Nr. 14 474 von Borsig, in der Stirnansicht.

Ein Blick in den Führerstand der Einheitslok 03 140, geliefert von Schwartzkopff unter Fabrik-Nr. 12 201 im Jahre 1933.

Rechts oben: Die Maschine 03 234 wurde 1936 unter der Fabrik-Nr. 14 613 von AEG-Borsig geliefert.

Rechts unten: 03 271 wurde 1936 unter der Fabrik-Nr. 10 627 von Schwartzkopff gebaut.

03 234

03 271

5.)
Baureihe 03^{10}
Bauart 2′C1′ h3
Gattung S 36.18

Ab 1939 sollte die dreizylindrige stromlinienverkleidete Reihe 03^{10} in den Beschaffungen die Nachfolge der Type 03 antreten, besonders für die Strecken im östlichen Deutschland und in Österreich. Erste Lieferungen wurden mit geschlossener Verkleidung, spätere mit Ausschnitt über den Kuppelrädern gebaut. Im Kriege wurde die Verkleidung nach und nach abgebaut. Die DB rüstete 26 Maschinen mit neuen Kesseln aus.

Lok-Nr.	**Lieferfirma**	**Baujahr/F.-Nr.**	**Bemerkungen**
03 1001—1002	Borsig	1939/14 711—14 712	
1003—1022	Borsig	1940/14 914—14 930	
		15 000—15 002	
1023—1042	Borsig	— / —	1940 storniert
1043—1060	Krupp	1940/ 2100— 2 117	
1061—1072	Krupp	— / —	1940 storniert
1073—1080	Krauss-Maffei	1940/15 723—15 730	zuerst Schichau
1081—1084	Krauss-Maffei	1940/15 731—15 734	
1085—1092	Krauss-Maffei	1940/15 837—15 844	

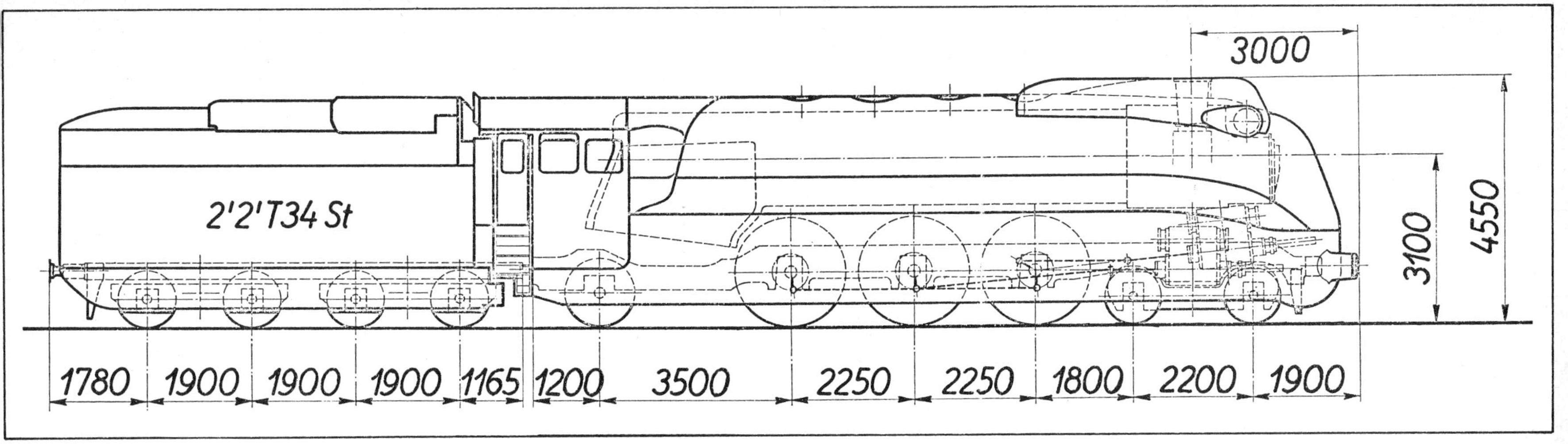

Links: Einheitslokomotive der Baureihe 03^{10}, erstmals gebaut 1939. Achsfolge 2′C1′ h3. Die Maschine 03 1051 wurde 1941 unter der Fabrik-Nr. 2108 von Krupp geliefert. Mittlere Schnellzuglok mit Dreizylindertriebwerk. Bauart ohne Triebwerksverkleidung. Oben: Übersicht der Baureihe 03^{10}.

Unten: Die Maschine 03 1083 wurde 1940 unter der Fabrik-Nr. 15 733 von Krauss-Maffei geliefert. Vollständige Stromlinienverkleidung.

6.)
Baureihe 04
Bauart 2'C1' h4v
Gattung S 36.18

Ab 1932 stellte die Reichsbahn auch Mitteldruck-Versuchslokomotiven in Dienst. Die Reihe 04 glänzte durch den niedrigsten spezifischen indizierten Dampfverbrauch ihrer Zeit. Wegen Kesselmängeln wurden der Betriebsdruck auf 16 kg/cm² herabgesetzt und die Bezeichnung auf 02^1 geändert. Nach Kesselzerknall 1939 wurden beide Loks ausgemustert.

Lok-Nr.	Lieferfirma	Baujahr/F.-Nr.	Bemerkungen
04 001—002	1935 umgezeichnet in in 02 101—102		
02 101—102	Krupp	1932/1 194—1 195	Nicholson-Feuerbüchswasserkammern
101:	Kessel aus Cu-Mg-Stahl		
102:	Kessel aus Cr-Moly-Stahl		

Linke Seite oben: Mitteldruck-Versuchslokomotive der Baureihe 04. Achsfolge 2′C′ h4v. Die Maschine 04 001 wurde 1932 unter der Fabrik-Nr. 1194 von Krupp geliefert. 25-atü-Kessel. Weitgehend an Baureihe 03 angelehnt. 1935 in 02 101 umgezeichnet. Darunter zum Vergleich Lokomotive 03 124, von AEG-Borsig im Jahre 1933 unter Fabrik-Nr. 14 466 geliefert.

Rechts die Mitteldrucklok von vorn.

7.)
Baureihe 05
Bauart 2'C2' h3
Gattung S 37.18

Die Stromlinienloks der Reihe 05 waren ursprünglich einmal als Versuchsträger für den Wagenbau gedacht, wurden ab 1936 aber auch im FD-Zug-Dienst verwendet. 05 002 erreichte am 11. Mai 1936 die Geschwindigkeit von 200,4 km/h. Lokomotive 05 003 mit Kohlenstaubfeuerung wurde 1937 fertiggestellt, befriedigte aber nicht und wurde bis 1945 auf Normalbauart umgebaut. Die DB ließ 1950 alle drei Maschinen in die Regelausführung umändern.

Lok-Nr.	Lieferfirma	Baujahr/F.-Nr.	Bemerkungen
05 001—002	Borsig	1935/14 552—14 553	Normalausführung
05 003	Borsig	1936/14 555	Kohlenstaubfeuerung

nks und oben: Einheitslokomotive der Baureihe 05, Achsfolge 2′C2′ h3. Die Maschine 05 001 wurde 1935 unter der Fabrik-Nr. 14 552 von AEG-Borsig geliefert. Schnell-ahrlokomotive für 175 km/h. Heute im Verkehrsmuseum Nürnberg.

Jnten: Stromlinien-Versuchslokomotive 05 003. Achsfolge 2′C2′ h3. Die Maschine wurde 1937 unter der Fabrik-Nr. 14 555 von AEO-Borsig geliefert. Sonderbauart mit ohlenstaubfeuerung und vornliegendem Führerstand.

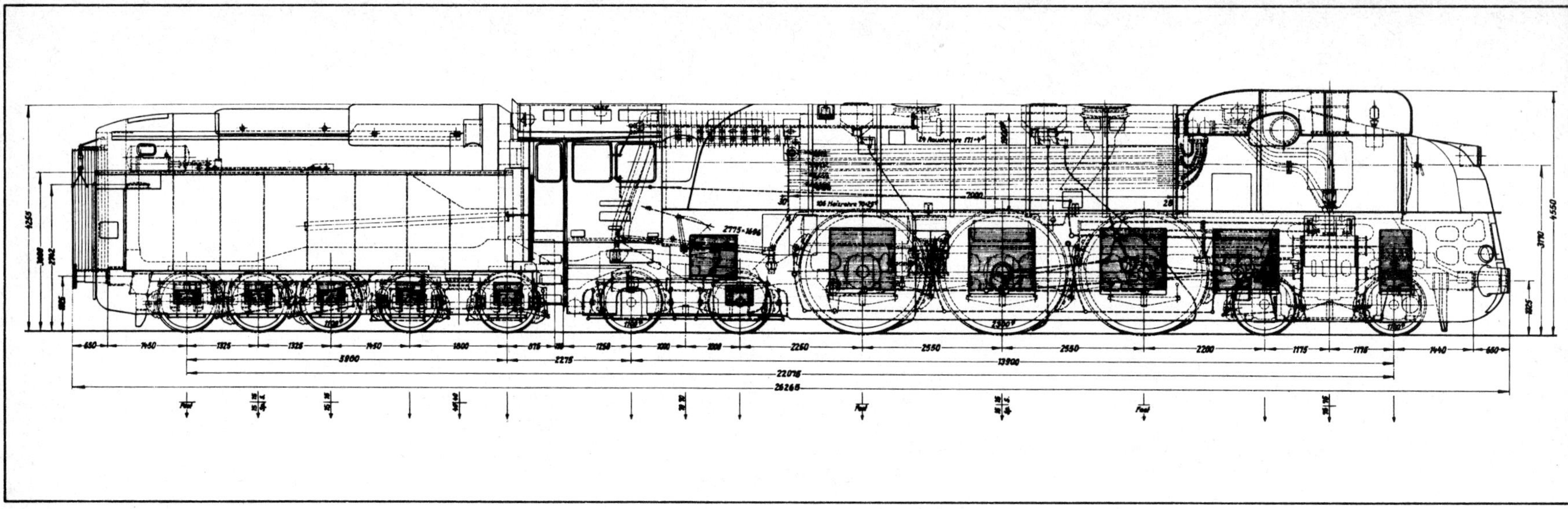

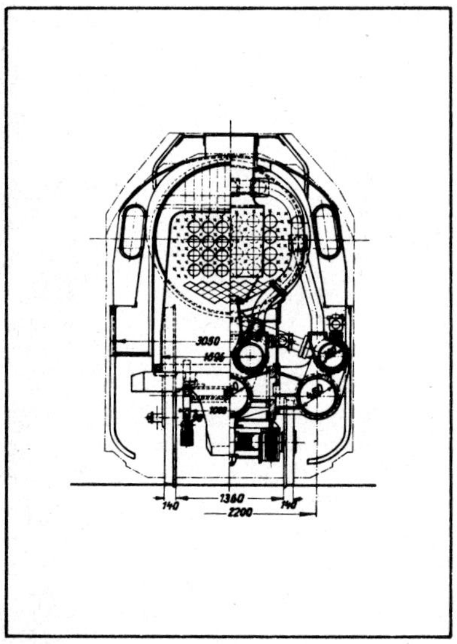

Oben und links: Skizzen der Einheitslokomotiven 05 001/002 von 1935.

Rechts: Versuchslokomotive 05 003 im Ablieferungszustand 1937 (oben) und nach Umbau 1950 (unten).

Unten: Übersicht der Lok 05 003.

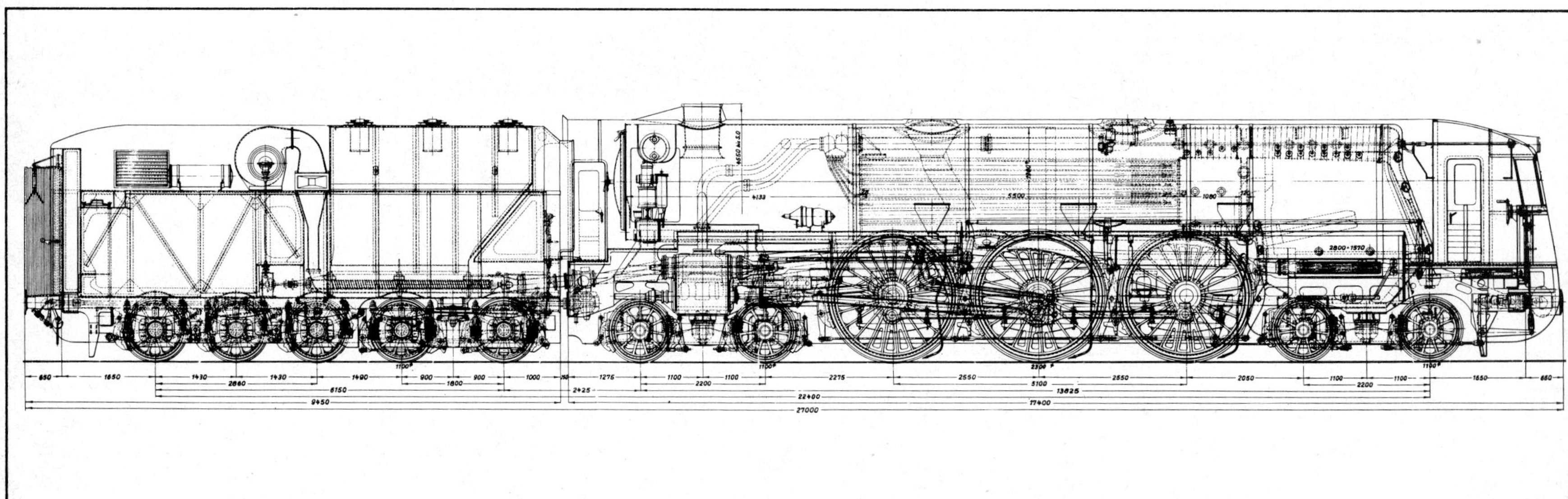

05 003

05003

8.)
Baureihe 06
Bauart 2′D2′ h3
Gattung S 48.20

Die schwere, als „Oberstufe" zu den Reihen 01 und 03 gedachte Schnellzuglokreihe 06 war mit Einrichtungen versehen, durch die im Ausbesserungswerk der Kuppelachsdruck entweder auf 18 t oder auf 20 t eingestellt werden konnte. Die Lokomotiven litten unter zu langem Kessel und zu steifem Fahrwerk; nach dem Kriege wurden sie nicht wieder in Betrieb genommen.

Lok-Nr.	Lieferfirma	Baujahr/F.-Nr.	Bemerkungen
06 001—002	Krupp	1938/2 000—2 001	

-inks: Einheitslokomotive der Baureihe 06, Achsfolge 2′D2′ h3. Die Maschine 06 002 wurde unter der Fabrik-Nr. 2001 von Krupp geliefert. Aufnahme vor Anbau der Stromlinienverkleidung.

Unten: Die Maschine 06 001 wurde 1938 unter der Fabrik-Nr. 2000 von Krupp geliefert. Schwere Schnellzuglokomotive mit Stromlinienverkleidung.

Rechts: Rückansicht der Lokomotive 06 001. Tender 2'3 T 38 St.
(Foto: Maey)

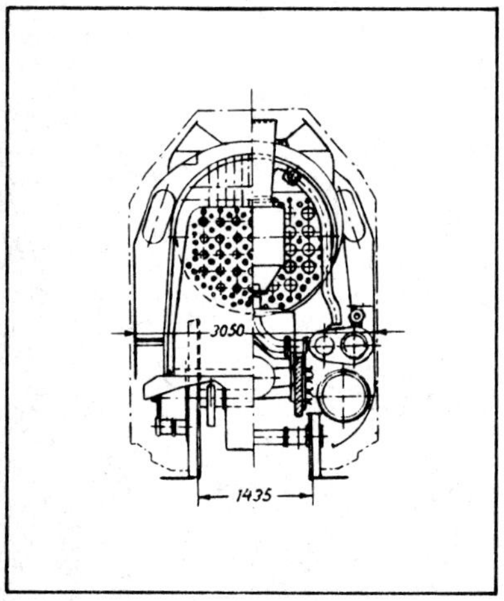

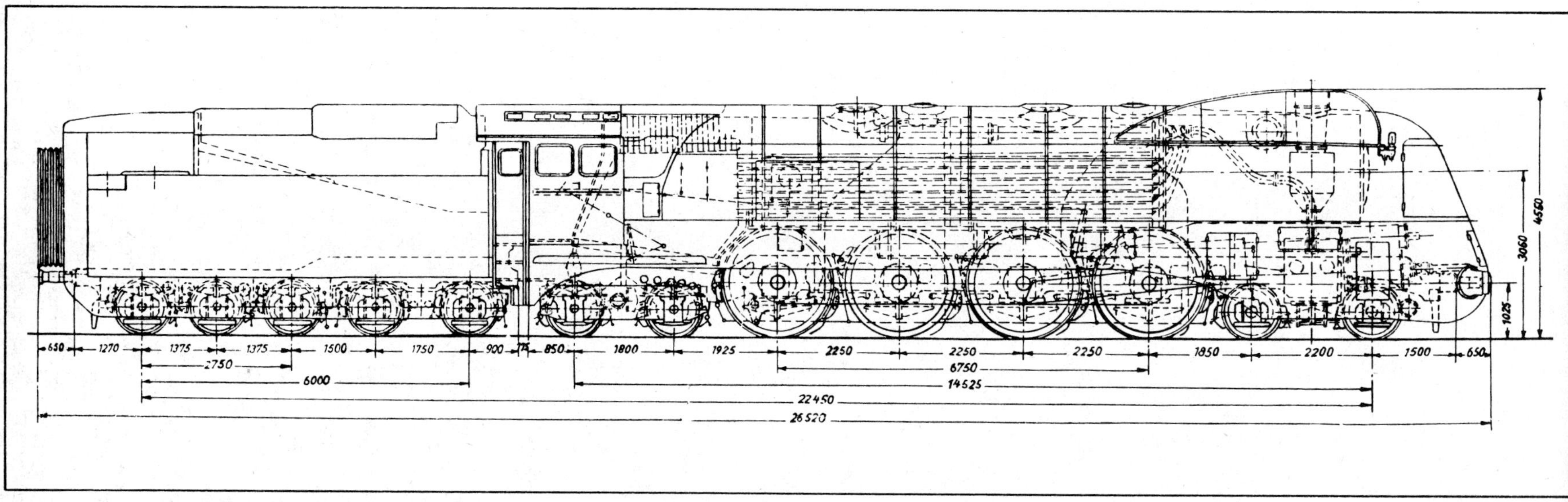

Oben: Skizzen der Baureihe 06.

Rechte Seite: Dampfmotor-Versuchslokomotive 19 1001, 1'Do1' h8. Die Maschine wurde 1941 unter der Fabrik-Nr. 25 000 von Henschel geliefert. Aufnahme vor Anba von Dampfmotoren und Stromlinienverkleidung.

9.)
Baureihe 19^{10}
Bauart 1'Do1' h8
Gattung S 46.18

Diese Dampfmotor-Versuchslokomotive nach Entwurf von Richard Roosen erhielt den Kessel der Reihen 43/44, dazu aber den Sonderantrieb. Wegen der Ablieferung 1941 kam sie im vorgesehenen Einsatzgebiet (leichte Züge mit hohen Geschwindigkeiten) nicht zum laufen. Nach dem Kriege wurde die Lok nach den USA überführt, dort untersucht und ausgestellt, schließlich verschrottet.

Lok-Nr.	Lieferfirma	Baujahr/F.-Nr.	Bemerkungen
19 1001	Henschel	1941/25 000	V-Dampfmotoren

19 1001

19 1001
Ld 381 a

19 1001

Linke Seite: Dampfmotor-Versuchslokomotive 19 1001. Ansicht mit schrägen Drehmomentenstützen vor Anbau der Triebwerksverkleidung (oben und Mitte) und im endgültigen Zustand (unten).

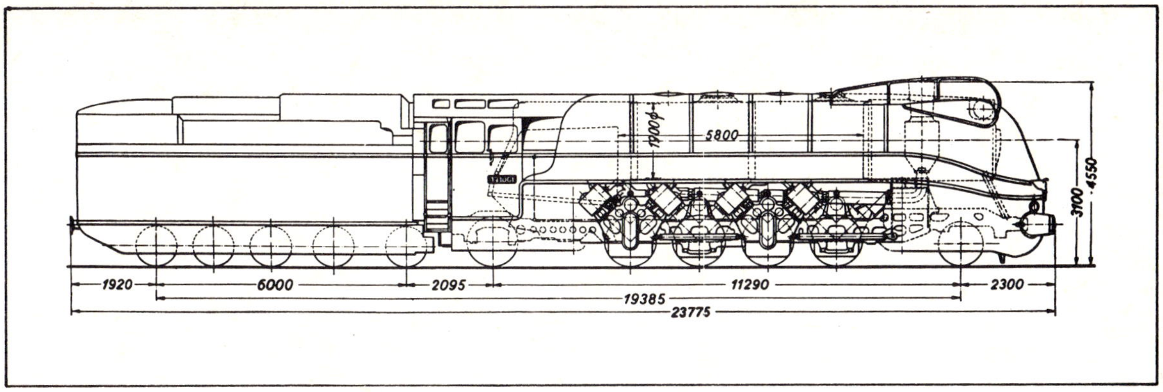

Dampfmotor-Versuchslokomotive 19 1001 im Ablieferungszustand 1941. Rechts oben die Lokskizze.

10.)
Baureihe 23 (alt)
Bauart 1′C1′ h2
Gattung P 35.18

Nach langen Vorstudien mit der Achsfolge 2′C kam diese als Ersatz der P 8 gedachte Maschine erst 1941 zum Betrieb. Viele Teile waren mit der Reihe 50 vereinheitlicht.
Nach Kriegsende blieben die Loks in der DDR, wo eine von ihnen einen Neubaukessel und Gegendruckbremse erhielt. Die DB besetzte die Nummern nochmals.

Lok-Nr.	Lieferfirma	Baujahr/F.-Nr.	Bemerkungen
23 001—002	Schichau	1941/3 443—3 444	

Linke Seite: Einheitslokomotive der Baureihe 23, Achsfolge 1'C1' h2. Die Maschine 23 001 wurde 1941 unter der Fabrik-Nr. 3443 von Schichau geliefert. Mittlere Personenzuglok. Kessel und Tender sind an die Baureihe 50 angelehnt. Die Aufnahme darunter (Foto: Maey) zeigt die Lok beim Versuchsamt Grunewald im Jahre 1941.

Rechts: Stirnansicht der 23 001.
(Foto: Maey)

Unten: Skizzen der Reihe 23.

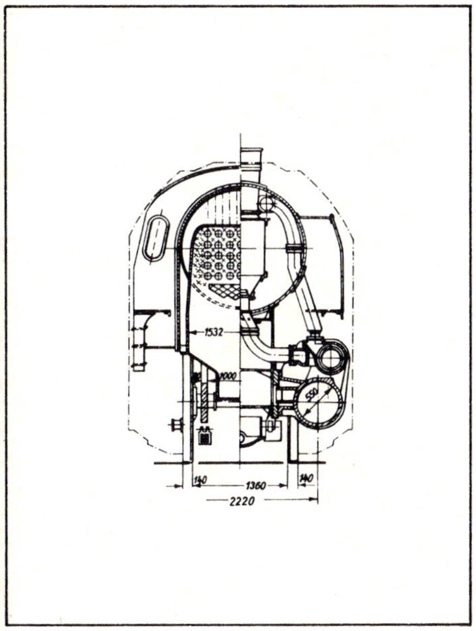

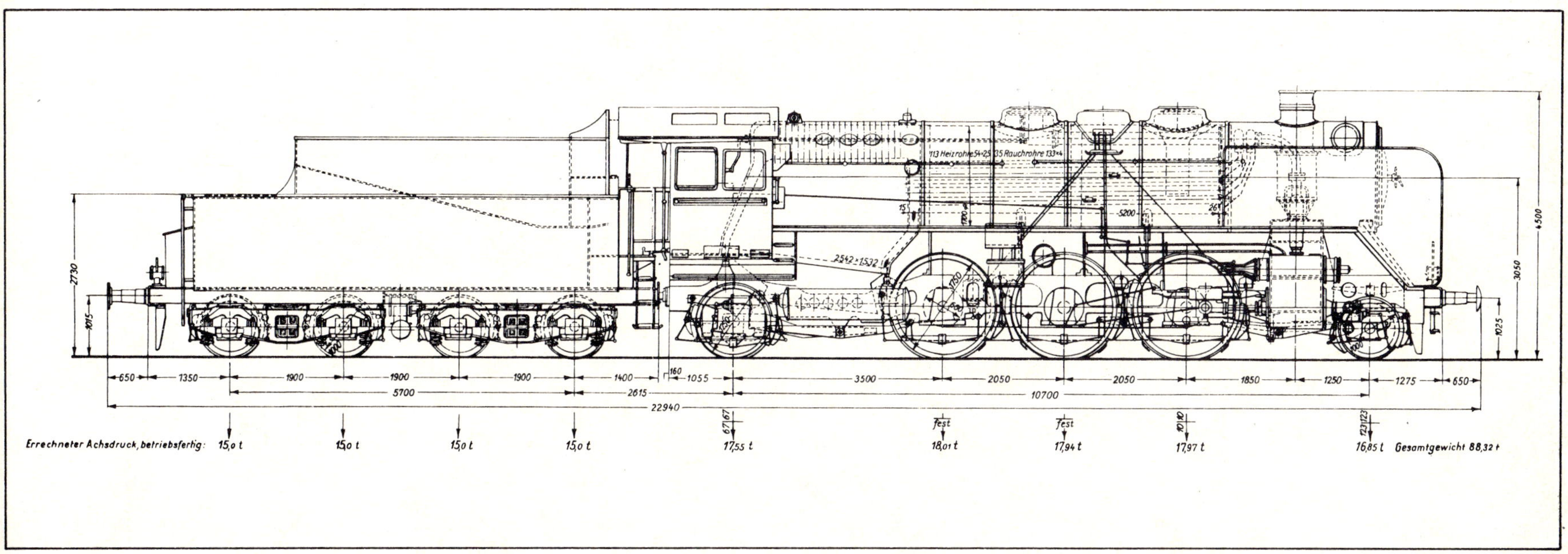

11.)
Baureihe 24
Bauart 1'C h2
Gattung P 34.15

Für längere Nebenstrecken wurde die Schlepptenderlok der Reihe 24 entwickelt, die in vielen Teilen mit den Reihen 64 und 86 übereinstimmt. Ihr Einsatz erfolgte jedoch nicht nur in Nord- und Ostdeutschland, sondern ebenso im hessischen Hügelland und im Schwarzwald. Nach Ausmusterung bei der DB im Jahre 1966 konnten die Loks noch in der DDR und in Polen beobachtet werden; von dort wurden auch zwei Museumsloks in die Bundesrepublik gebracht.

Lok-Nr.	Lieferfirma	Baujahr/F.-Nr.	Bemerkungen
24 001—010	Schichau	1927/ 3 116— 3 125	ohne Laufradbremse
011—030	Schichau	1928/ 3 126— 3 145	ohne Laufradbremse
031—037	Linke-Hofmann	1928/ 3 073— 3 079	ohne Laufradbremse
038—051	Schichau	1929/ 3 146— 3 159	ohne Laufradbremse
052—053	Hanomag	1929/10 571—10 572	ohne Laufradbremse
054—059	Hanomag	1929/10 586—10 593	ohne Laufradbremse
060—063	Schichau	1929/ 3 172— 3 176	ohne Laufradbremse
064—068	Henschel	1932/22 057—22 061	ohne Laufradbremse
069	Borsig	1932/14 434	Mitteldrucklok 1)
070	Borsig	1932/14 435	Mitteldrucklok 2)
071—076	Krupp	1936/ 1 573— 1 578	Scheren- u. Laufradbremse
077—089	Schichau	1937/ 3 317— 3 329	Scheren- u. Laufradbremse
090—095	Schichau	1938/ 3 417— 3 422	Scheren- u. Laufradbremse
096—115	Schichau	— / 3 423— 3 442	storniert, waren mit Krauss-Helmholtzgestell vorgesehen

1) 25 atü, h2v
2) 25 atü, h2, Gleichstromzylinder Bauart Wagner
24 069—070 waren vor der Lieferung vorgesehen als M 02 1006—1007, beide wurden in Normalloks umgebaut.

Rechte Seite: Zwei Skizzen der Baureihe 24, und zwar oben die Ursprungsausführung (bis Lok 24 063) ohne Laufradbremse, mit kleinen Windleitblechen und dem genieteten Tender 3 T 16. Darunter die nicht mehr ausgeführte Bauart mit Krauss-Helmholtz-Gestell, die aber auch die ab 24 064 eingeführten größeren Windleitbleche, die Laufradbremse und den vergrößerten Lüfteraufbau am Dach besitzt.

Einheitslokomotive der Baureihe 24, erstmals gebaut 1927. Achsfolge 1'C h2. Die Maschine 24 065 wurde 1931 unter der Fabrik-Nr. 22 058 von Henschel geliefert. Personenzuglok für längere Nebenstrecken.

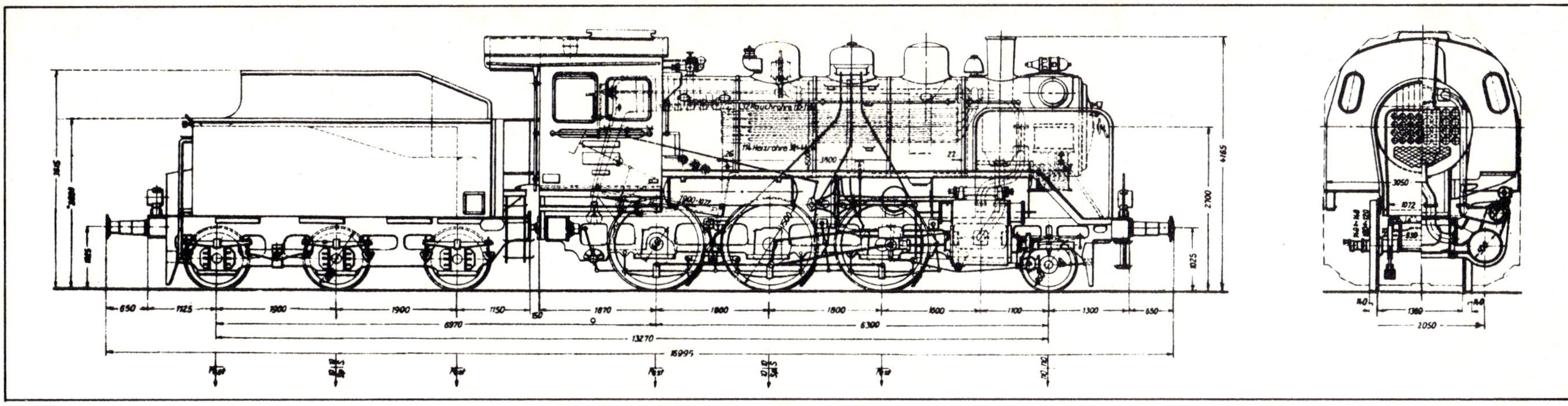

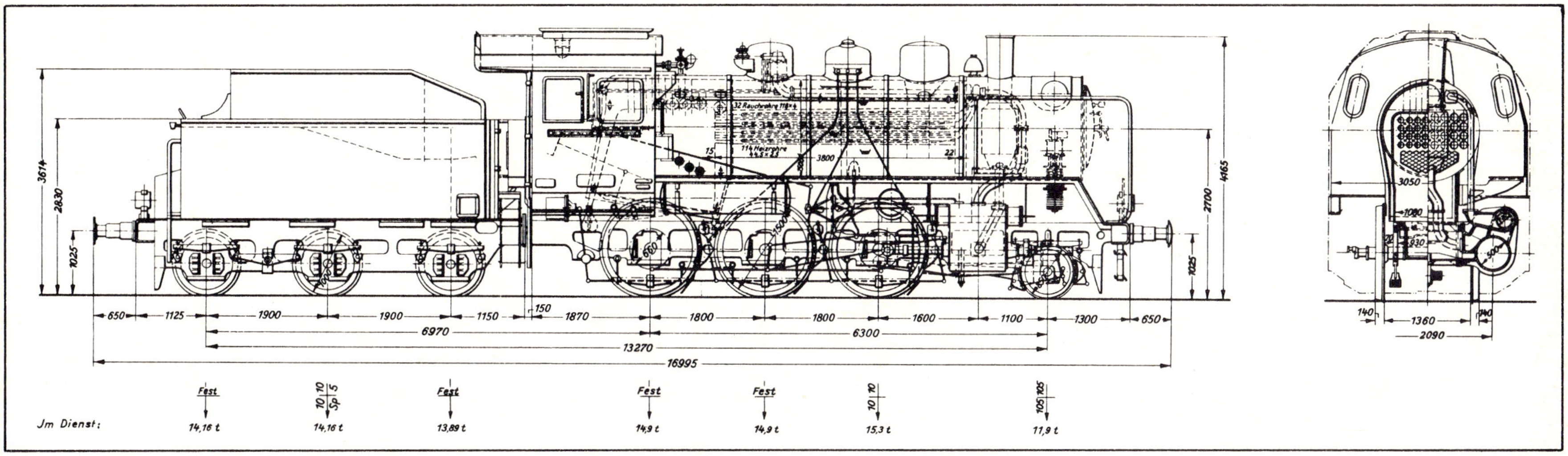

Mitteldruck-Versuchslokomotive 24 069, Achsfolge 1'C h2v. Die Maschine wurde 1932 unter der Fabrik-Nr. 14 434 von AEG-Borsig geliefert. 25-atü-Kessel.

12.) Baureihe 41 Bauart 1'D1' h2 Gattung G 46.18/20

Für schnellfahrende Güterzüge wurde 1936 die Reihe 41 („Ochsenlok“) entwickelt und bald in größeren Stückzahlen beschafft. Ihre Achslast war im Betriebswerk von 18 t auf 20 t umstellbar. Die Lok war selbst vor Schnellzügen zu sehen. Die DB rüstete 99 Loks mit neuen Hochleistungskesseln aus und versah von diesen 40 Stück mit Ölhauptfeuerung.

Lok-Nr.	Lieferfirma	Baujahr/F.-Nr.	Bemerkungen
41 001—002	Schwartzkopff	1936/10 398—10 399	Kessel alter Ausführung, Kuhnsche Schleife
003—052	Henschel	1938/24 305—24 354	ab 003: Stehkessel mit verbreitertem Bodenring, Stahlfeuerbüchse, Hängeeisen
053—055	Borsig	1938/14 773—14 775	
056	Borsig	1938/14 778	
057	Borsig	1938/14 780	
058	Borsig	1938/14 779	
059	Borsig	1938/14 781	
060	Borsig	1938/14 777	
061	Borsig	1938/14 776	
062—065	Borsig	1938/14 782—14 785	
066	Borsig	1938/ 4 786	
067	Borsig	1939/14 789	
068	Borsig	1939/14 788	
069	Borsig	1939/14 791	
070	Borsig	1939/14 790	
071	Borsig	1939/14 787	
072	Borsig	1939/14 792	
073—078	Borsig	1939/14 794—14 799	
079	Borsig	1939/14 793	
080—082	Borsig	1939/14 801—14 803	
083—113	Krupp	1938/ 1 905— 1 935	
114—136	Schwartzkopff	1938/11 053—11 075	
137—153	Schichau	1938/ 3 343— 3 359	
154—171	Krauss-Maffei	1938/15 701—15 718	
172—178	Jung	1938/ 8 361— 8 367	
179—185	Orenstein	1938/13 171—13 177	
186—192	Eßlingen	1938/ 4 357— 4 363	
193—228	Henschel	1938/24 760—24 795	
229—271	Borsig	1938/14 808—14 850	
272—291	Schichau	1939/ 3 360— 3 379	
292—310	Jung	1939/ 8 681— 8 699	
311—324	Orenstein	1940/13 270—13 283	
325—336	Eßlingen	1940/ 4 370— 4 381	
337—352	Eßlingen	1941/ 4 423— 4 438	
353—366	Jung	1941/ 9 311— 9 324	
367—390	Schichau	— 3 575— 3 598	storniert
391—436	Schwartzkopff	— 11 573—11 618	storniert

Unten: Skizze der Baureihe 41 mit dem Tender 2'2' T 32,5.

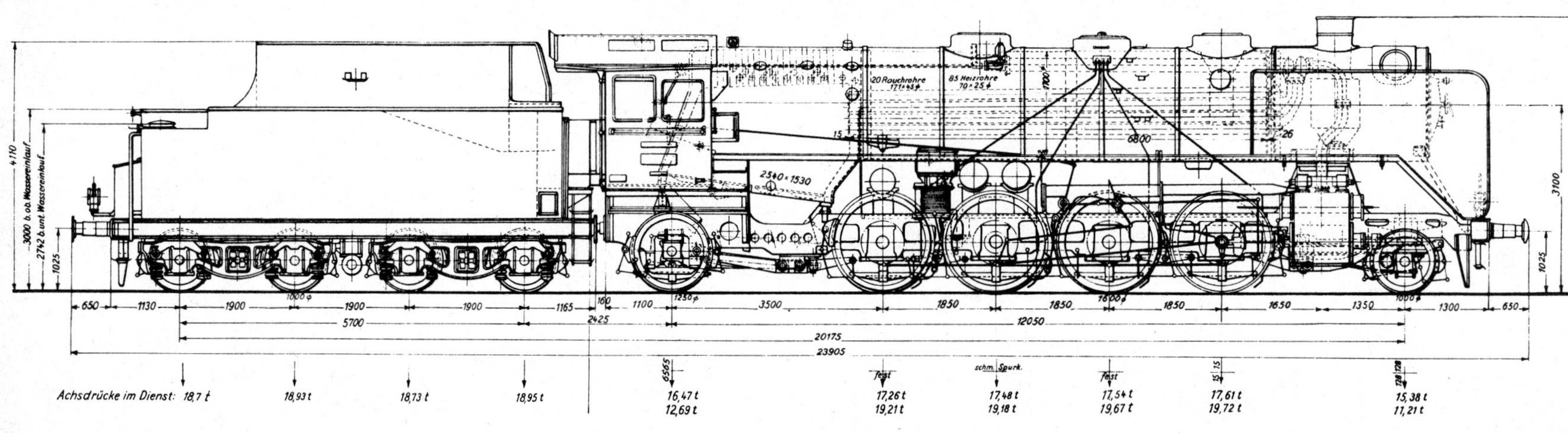

Oben: Schwartzkopff-Werbung aus der Zeitschrift „Lokomotive“ von 1939.

Rechts: Querschnitt durch die Reihe 41.

Unten: Einheitslokomotive der Baureihe 41, erstmals gebaut 1936. Achsfolge 1′D1′ h2. Die Maschine 41 156 wurde 1938 unter der Fabrik-Nr. 15 703 von Krauss-Maffei geliefert. Der Kessel ist an die Baureihe 03, das Triebwerk an die Baureihe 45 angelehnt. Tender 2′2′ T 34.

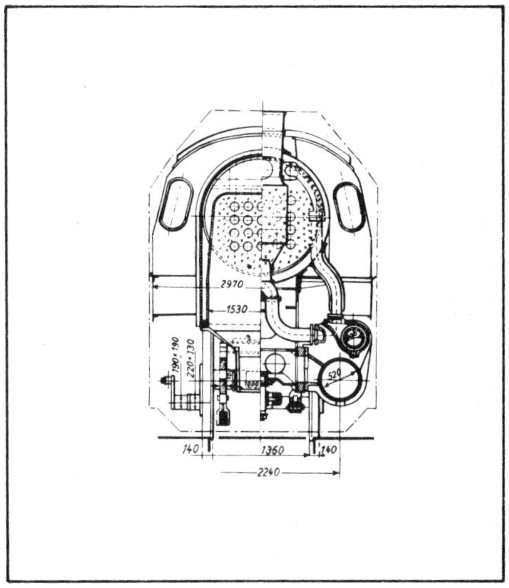

Unten: Lokomotive 41 182 wurde 1938 unter der Fabrik-Nr. 13 174 von Orenstein & Koppel hergestellt.

Rechts: Die Maschine 41 275 wurde 1939 unter der Fabrik-Nr. 3363 von Schichau geliefert.

Rechts unten: Seitenansicht und Grundriß der Baureihe 41 bei der Deutschen Bundesbahn.

41 275

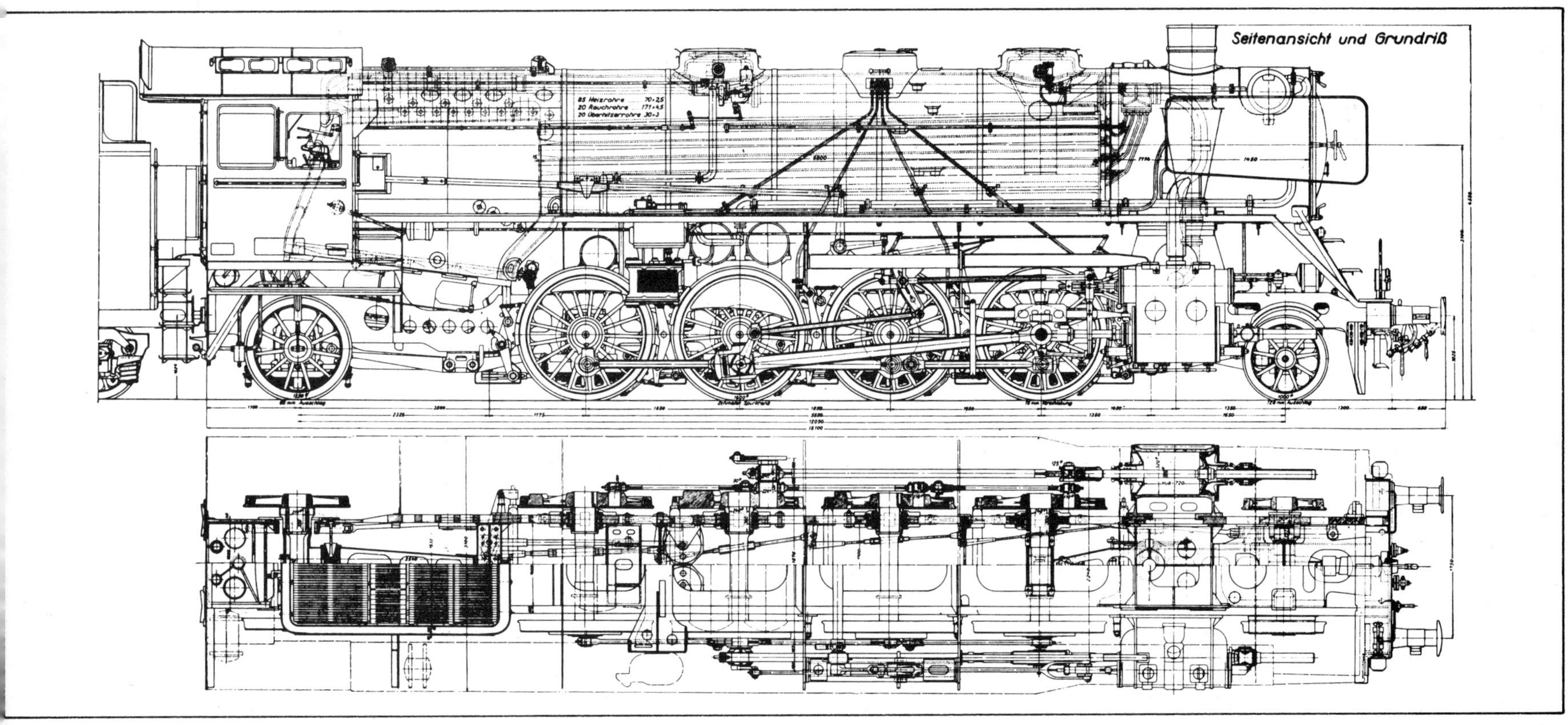
Seitenansicht und Grundriß
85 Heizrohre 70×2,5
20 Rauchrohre 171×4,5
20 Überhitzerrohre 30×3

13.)
Baureihe 42
Bauart 1'E h2
Gattung G 56.17

Die Reihe 42 wurde ab 1943 als „Zweite Kriegslokomotive" gebaut, erreichte jedoch nur noch eine Auflage von rund 840 Stück. Die Variante mit Brotankessel wurde wegen unzureichender Bewährung nicht in Serie gebaut, und die DB musterte auch ihre normalen 42er nach Kesselschäden bis 1953 fast vollständig aus. Mit den Saarbahnen kam die Type nochmals kurzzeitig in den Bestand. In der DDR und Österreich stand die Gattung wesentlich länger im Dienst.

Lok-Nr.	Lieferfirma	Baujahr/F.-Nr.	Bemerkungen
42 0001—0002	Henschel	1943/28 000—28 001	Mit Brotankessel G 56.18 Kessel gel. von WLF 1943 Nr. 10881/I u. 10881/II. Später bei der DB mit 42 001—002 bezeichnet
0003—0005	Henschel	(nicht gebaut)	Diese Lokomotiven waren bei Henschel mit Brotankessel in Auftrag
42 003	Eßlingen	1947/ 4 958	Normalausführung, Lieferung an DR (Westdeut.)
42 001— 003	RAW Stendal	1949/	Gebaut aus lagernden Halbfertigteilen
42 501— 520	Schwartzkopff	1944/12 818—12 837	
521— 539	Schwartzkopff	1944/12 878—12 896	
540	Schwartzkopff	1944/12 901	
541— 560	Schwartzkopff	1944/13 021—13 040	
561— 580	Schwartzkopff	1944/13 061—13 080	
581— 600	Schwartzkopff	1944/12 858—12 877	42 591 gel. mit Knorr-Mischvorwärmer
601— 620	Schwartzkopff	1944/13 041—13 060	
621— 632	Schwartzkopff	1944/12 902—12 913	
633— 640	Schwartzkopff	1944/12 993—13 000	
641— 660	Schwartzkopff	1944/12 838—12 857	
661— 680	Schwartzkopff	1944/13 001—13 020	
681— 692	Schwartzkopff	1944/13 081—13 092	
693— 700	Schwartzkopff	1944/13 172—13 179	
701— 740	Schwartzkopff		Serie nicht mehr gebaut
741— 760	Schwartzkopff	1944/13 200—13 219	
761— 800	Schwartzkopff		Serie nicht mehr gebaut
801— 820	Schwartzkopff	1944/13 180—13 199	42 816 gel. mit Knorr-Oberflächenvorwärmer
821— 829	Schwartzkopff	1944/13 220—13 228	
830— 840	Schwartzkopff	1945/13 229—13 239	
841— 854	Schwartzkopff	1945/13 260—13 273	(evtl. bis 42 856 gebaut)
855— 960	Schwartzkopff		Serien nicht mehr gebaut
961— 980	Schwartzkopff	1944/13 240—13 259	
981—1000	Schwartzkopff		Serie nicht mehr gebaut
1001—1015	Schichau	1944/ 4 245— 4 259	
1016—1017	Schichau	1944/ 4 303— 4 304	
1018—1020	Schichau	1944/ 4 262— 4 264	
1021—1024	Schichau	1944/ 4 305— 4 308	
1025—1050	Schichau	1944/ 4 310— 4 335	42 1034 gel. mit Henschel-Mischvorwärmer
1051—1065	Schichau	1944/ 4 355— 4 369	
1066—1085	Schichau	1944/ 4 399— 4 418	42 1079 gel. mit Henschel-Mischvorwärmer
1086—1397	Schichau		Serie nicht mehr geliefert
1398—1424	Schichau	1944/ 4 419— 4 445	
1425—1427	Schichau	1945/ 4 446— 4 448	
1428—1450	Schichau	1944/ 4 370— 4 392	
1451—1461	Schichau	1944/ 4 337— 4 347	
1462—1464	Schichau	1944/ 4 349— 4 351	
1465	Schichau	1944/ 4 348	
1466—1496	Schichau	1944/ 4 264— 4 294	
1497—1500	Schichau	1944/ 4 297— 4 300	
1501—1502	Eßlingen	1944/ 4 863— 4 864	
1503—1505	Eßlingen	1944/ 4 873— 4 875	
1506—1520	Eßlingen	1944/ 4 887— 4 901	
1521—1580	Eßlingen		Serie nicht mehr gebaut
1581—1583	Eßlingen	1944/ 4 932— 4 534	
1584—1590	Eßlingen	1945/ 4 935— 4 941	
1591—1602	Eßlingen	1945/ 4 942— 4 953	
1603—1605	Eßlingen	1946/ 4 954— 4 956	
1606	Eßlingen	1947/ 4 957	Gel. an Saar-Eisenbahn

(weiter auf Seite 79)

Oben: Einheitslokomotive der Baureihe 42, erstmals gebaut 1943. Achsfolge 1'E h2. Die Maschine 42 0001 wurde 1943 unter der Fabrik-Nr. 28 000 von Henschel geliefert. Mittelschwere Kriegslokomotive mit Brotankessel der Wiener Lokomotivfabrik. Aufnahme in Kassel.

Unten: Die Maschine 42 1602 wurde im Oktober 1945 unter der Fabrik-Nr. 4953 von der Maschinenfabrik Esslingen geliefert. Mittelschwere Kriegslokomotive mit Kessel der Regelbauart, unter amerikanischer Regie fertiggestellt.

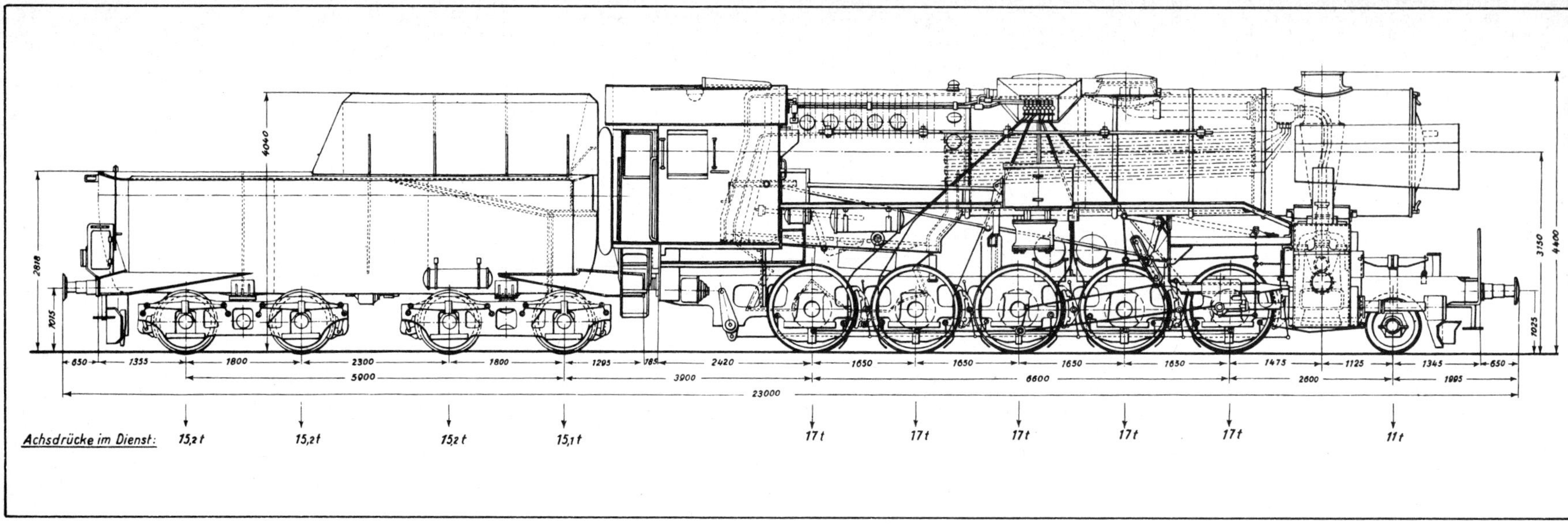

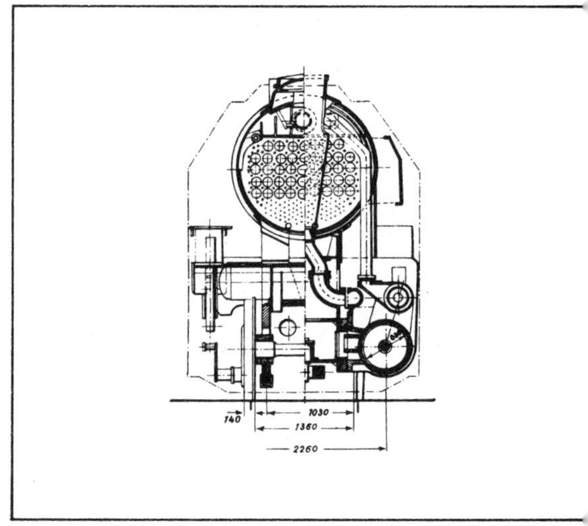

Oben und rechts: Skizze der Baureihe 42 in Normalausführung.

Unten: Versuchslokomotive der Baureihe 42^{90}, Achsfolge 1′E h2. Die Maschine 42 9000 wurde 1951 unter der Fabrik-Nr. 28 313 von Henschel geliefert. Umbau der Reihe 52 mit Franco-Crosti-Abgasvorwärmer.

(Fortsetzung Tabelle Baureihe 42)

Lok-Nr.	Lieferfirma	Baujahr/F.-Nr.	Bemerkungen
42 1607—1740	Eßlingen		Serie nicht mehr geliefert
1741—1760	Eßlingen	1944/ 4 912— 4 931	
1761—1790	Eßlingen		Serie nicht mehr gebaut
1791—1800	Eßlingen	1944/ 4 902— 4 911	
1801—1804	Schwartzkopff	1944/12 895—12 898	geb. f. Borsig 15 915—918
1805—1808	Schwartzkopff	1944/12 914—12 917	geb. f. Borsig 15 919—922
1809—1840	Schwartzkopff		Serie nicht mehr gebaut
1841—1842	Schichau	1944/ 4 260— 4 261	geb. f. Borsig 15 955—956
1843—1844	Schichau	1944/ 4 295— 4 296	geb. f. Borsig 15 957—958
1845—1846	Schichau	1944/ 4 262— 4 263	geb. f. Borsig 15 959—960
1847	Schichau	1944/ 4 336	geb. f. Borsig 15 961
1848	Schichau	1944/ 4 352	geb. f. Borsig 15 962
1849—1850	Schichau	1944/ 4 353— 4 354	geb. f. Borsig 15 963—964
1851—1852	Schichau	1944/ 4 393— 4 394	geb. f. Borsig 15 965—966
1853—1880	Schichau		Serie nicht mehr gebaut
1881—1906	WLF, Floridsdorf	1944/17 353—17 378	geb. f. Borsig 15 995—16 020
1907—2300	WLF, Floridsdorf		Serie nicht mehr gebaut
2301—2320	WLF, Floridsdorf	1944/17 097—17 116	
2321—2340	WLF, Floridsdorf	1944/17 429—17 448	
2341—2360	WLF, Floridsdorf	1944/17 177—17 196	
2361—2364	WLF, Floridsdorf	1944/17 469—17 472	
2365—2380	WLF, Floridsdorf	1944/17 508—17 523	
2381—2400	WLF, Floridsdorf	1944/17 544—17 563	
2401—2440	WLF, Floridsdorf		Serie nicht mehr gebaut
2441—2460	WLF, Floridsdorf	1944/17 137—17 156	
2461—2480	WLF, Floridsdorf	1944/17 524—17 543	
2481—2500	WLF, Floridsdorf		Serie nicht mehr gebaut
2501—2520	WLF, Floridsdorf	1944/17 449—17 468	
2521—2540	WLF, Floridsdorf	1944/17 157—17 176	
2541—2560	WLF, Floridsdorf		Serie nicht mehr gebaut
2561—2580	WLF, Floridsdorf	1944/17 564—17 583	
2581—2600	WLF, Floridsdorf		Serie nicht mehr gebaut
2601—2620	WLF, Floridsdorf	1944/17 409—17 428	
2621—2640	WLF, Floridsdorf	1944/17 117—17 136	42 2637 geb. mit Heinl-Mischvorwärmer (Versuch)
2641—2700	WLF, Floridsdorf		Serie nicht mehr gebaut
2701—2715	WLF, Floridsdorf	1946/17 584—17 598	gel. an ÖBB
2716	WLF, Floridsdorf	1947/17 599	gel. an Sowj. Mineralölverwaltung in Österreich
2717	WLF, Floridsdorf	1947/17 600	gel. an ÖBB mit Heinl-MV
2718—2719	WLF, Floridsdorf	1947/17 601—17 602	gel. an CFL Luxemburg Reihe 55, Heinl-Mischvorwärmer
2720	WLF, Floridsdorf	1947/17 603	gel. an BDZ Bulgarien Reihe 16, Heinl-Mischvorwärmer
2721	WLF, Floridsdorf	1947/17 604	wie 42 2718
2722	WLF, Floridsdorf	1947/17 605	gel. an VEB in der Ostzone
2723	WLF, Floridsdorf	1947/17 606	gel. an CFL Luxemburg, Reihe 55
2724	WLF, Floridsdorf	1947/17 607	gel. an VEB in der Ostzone
2725	WLF, Floridsdorf	1947/17 608	gel. an CFL Luxemburg, Reihe 55
2726—2727	WLF, Floridsdorf	1948/17 612—17 613	gel. an CFL Luxemburg, Reihe 55
2728—2736	WLF, Floridsdorf	1950/17 614—17 622	gel. an CFL Luxemburg, Reihe 55
2737	WLF, Floridsdorf	1950/17 623	gel. an CFL Luxemburg, Reihe 55
2738—2740	WLF, Floridsdorf	1950/17 624—17 626	gel. an CFL Luxemburg, Reihe 55
2741—2772	WLF, Floridsdorf	1950/17 627—17 658	gel. an BDZ Bulgarien, Reihe 16
2773—2800	WLF, Floridsdorf		Serie nicht mehr gebaut
2801—2802	Eßlingen	1944/ 4 861— 4 862	geb. f. Maffei 17 389—390
2803—2804	Eßlingen	1944/ 4 865— 4 866	geb. f. Maffei 17 391—392
2805	Eßlingen	1944/ 4 870	geb. f. Maffei 17 393
2806—2809	Eßlingen	1944/ 4 876— 4 879	geb. f. Maffei 17 394—397
2810	Eßlingen	1944/ 4 886	geb. f. Maffei 17 398
42 9000—9001	Henschel	1951/28 313—28 314	gebaut aus Teilen der 52 893—894.

14.)
Baureihe 43
Bauart 1'E h2
Gattung G 56.20

Die Baureihen 43 und 44 wurden zum Vergleich als Zweizylinder- und Dreizylinder-Güterzugloks gebaut. Hier erwies sich die Reihe 43 zunächst als preiswerter und wirtschaftlicher, so daß sie weitergebaut wurde. Später traten jedoch Überlastungsschäden im Triebwerk auf, die es geraten erschienen ließen, künftig das Dreizylindertriebwerk vorzuziehen, so daß die Beschaffung mit der 43 035 eingestellt wurde.

Lok-Nr.	Lieferfirma	Baujahr/F.-Nr.	Bemerkungen
43 001—005	Henschel	1927/20 726—20 730	Alle Loks: Ungeteilter Schlot und Aufbaut. b. auf 4550 ü SO
006—010	Schwartzkopff	1927/ 8 844— 8 848	
011—013	Schwartzkopff	1927/ 9 165— 9 167	
014—021	Henschel	1928/20 994—21 001	
022—025	Schwartzkopff	1928/ 9 219— 9 222	
026—035	Henschel	1928/21 002—21 011	

Oben: Einheitslokomotive der Baureihe 43, erstmals gebaut 1927. Achsfolge 1′E h2. Die Maschine 43 003 wurde 1927 unter der Fabrik-Nr. 20 728 von Henschel geliefert. Schwere Güterzuglok, zu Vergleichen mit der Baureihe 44 geliefert. Zweizylindertriebwerk.

Links: Die Maschine 43 007 wurde 1927 unter der Fabrik-Nr. 8845 von Schwartzkopff gebaut.

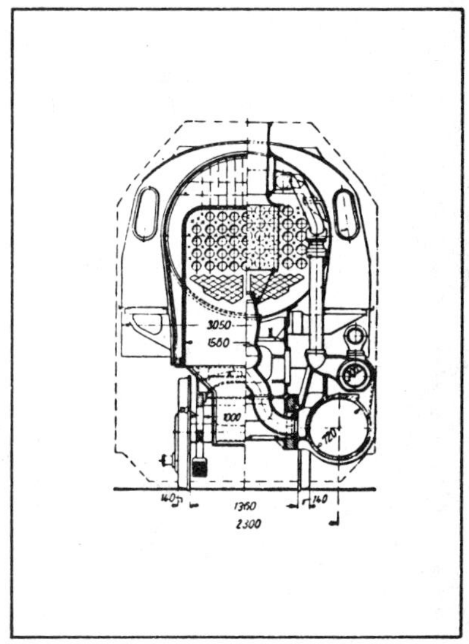

Rechts und unten: Skizzen der Baureihe 43 mit Tender 2′2′ T 32.

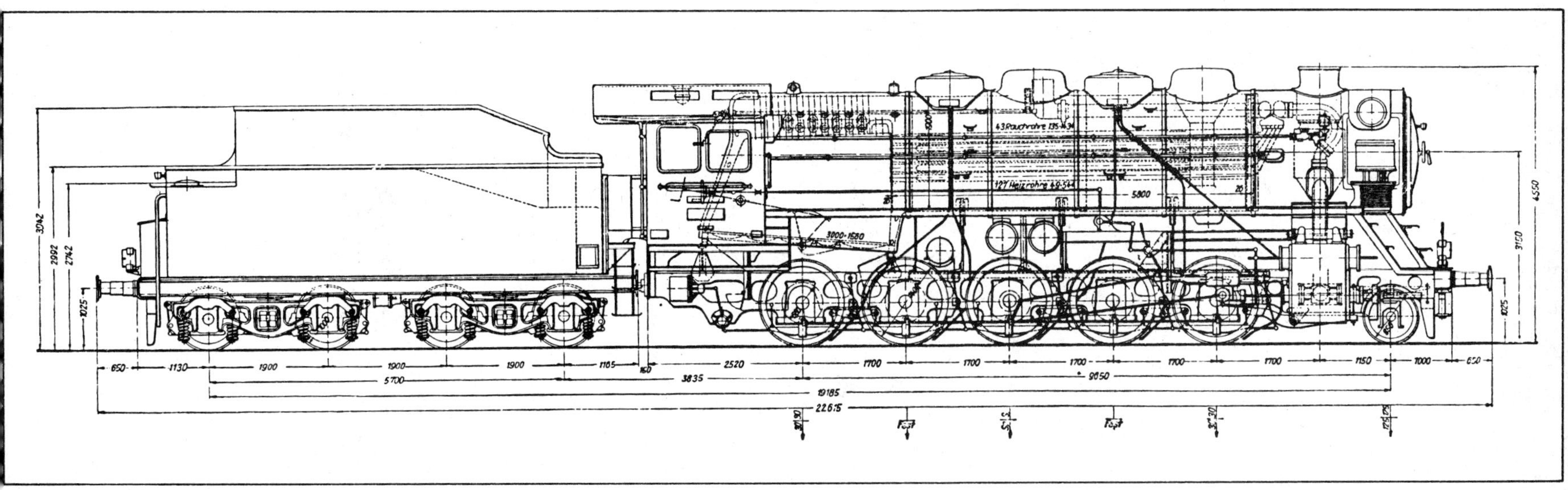

Zweimal die Henschel-Lokomotive mit der Fabrik-Nr. 21 000, nämlich die Reichsbahnlok 43 020 des Baujahres 1928. Serienausführung der Reihe 43.

15.) Baureihe 44 Bauart 1'E h3 Gattung G 56.20

Die Baureihe 44 wurde nach der Vorserie von 10 Loks 1926 und 2 Mitteldruckloks 1933 erst 1937 in überarbeiteter Form wieder aufgelegt, als steigende Zuglasten und -geschwindigkeiten dies erforderten. Ab Lok 066 war die endgültige Form gefunden, die ab 1942, als die deutschen Lokfabriken die Reihe 52 bauten, von französischen Firmen geliefert wurde. Die DB rüstete 32 Loks mit Ölfeuerung aus, die DR setzte Öl- und Kohlenstaubfeuerungen ein.

Lok-Nr.	Lieferfirma	Baujahr/F.-Nr.	Bemerkungen
44 001— 003	Henschel	1926/20 457—20 459	Erstausführung, ungeteilter Schlot, Aufbauten bis 4550 mm über SO, 14 atü Kesseldruck
004— 009	Schwartzkopff	1926/ 8 529— 8 534	dto., jedoch mit Gegendruckbremse
010	Eßlingen	1926/ 4 143	wie 001—003
011	Henschel	1933/22 000	Mitteldrucklok 1'E-h4v, Kessel 25 atü, Nicholson Wasserkammer Feuerbüchse aus 3%ig. Nickelstahl
012	Henschel	1933/22 100	Mitteldrucklok 1'E-h4v, Kessel 25 atü, Nicholson Wasserkammer Feuerbüchse aus St 44
013— 025	Henschel	1937/23 472—23 484	Zwischenausführung mit Triebwerk 3 × 600 wie 44 001—010, aber mit 16 atü Kesseldruck, alte Rohrteilung
026— 037	Krupp	1937/ 1 668— 1 679	dto.
038— 039	Schwartzkopff	1937/10 700—10 701	dto.
040— 048	Henschel	1937/23 564—23 572	dto.
049— 059	Krupp	1937/ 1 715— 1 725	dto.
060— 065	Schwartzkopff	1937/10 714—10 719	dto.
066— 070	Henschel	1937/24 096—24 100	Standardausführung mit Stahlfeuerbüchse mit verbreitert. Bodenring, Triebwerk 3 × 550 ab 44 066
071— 103	Henschel	1937/24 240—24 272	
104— 123	Krupp	1938/ 1 878— 1 897	
124— 139	Borsig	1938/14 715—14 730	
140— 146	Krauss-Maffei	1938/15 668—15 674	
147— 156	Schichau	1938/ 3 333— 3 342	
157— 168	Schwartzkopff	1939/10 872—10 883	
169— 179	Krupp	1940/ 1 989— 1 999	
180— 217	Krupp	1940/ 2 002— 2 039	
218— 219	Krupp	1940/ 2 130— 2 131	
220— 253	Schwartzkopff	1940/11 274—11 307	
254— 265	Schichau	1940/ 3 380— 3 391	
266— 283	Krauss-Maffei	1940/15 735—15 752	
284— 323	Henschel, Krenau	1940/ 851— 890	
324— 373	Borsig	1941/15 005—15 054	
374— 388	Eßlingen	1941/ 4 439— 4 453	
389— 488	Henschel	1941/25 998—26 097	
489— 498	Henschel	1941/26 220—26 229	
499— 553	Krauss-Maffei	1941/16 104—16 158	
554— 623	Krupp	1941/ 2 202— 2 271	
624— 643	Schichau	1941/ 3 449— 3 468	
644— 683	Borsig	1941/15 100—15 139	
684— 701	WLF, Floridsdorf	1941/ 9 271— 9 288	
702— 727	Henschel, Krenau	1941/ 983— 1 008	
728— 729	Schneider	1943/ 4 671— 4 672	
730— 732	Schneider	1943/ 4 675— 4 677	
733— 738	Schneider	1943/ 4 679— 4 684	
739	Schneider	1943/ 4 678	
740— 742	Schneider	1943/ 4 685— 4 687	
743— 745	Schneider	1943/ 4 689— 4 691	
746	Schneider	1943/ 4 688	
747— 777	Schneider	1943/ 4 692— 4 722	
778— 798	Fives, Lille	1942/ 4 946— 4 966	
799— 832	Fives, Lille	1943/ 4 967— 5 000	Ab 44 786 ÜK-Ausführung
833— 912	Bagtignolles	1943/ 625— 704	44 833 gel. 1942, ÜK-Ausführung
913— 946	Cail	1942/ 4 262— 4 295	Ab 44 931 ÜK-Ausführung
947— 972	Cail	1943/ 4 296— 4 321	ÜK-Ausführung
973—1003	Graffenstaden	1942/ 7 796— 7 826	Ab 44 ÜK-Ausführung
1004—1012	Graffenstaden	1943/ 7 827— 7 835	ÜK-Ausführung
1013—1015	WLF, Floridsdorf	1941/ 9 343— 9 345	ÜK-Ausführung

(weiter auf Seite 84)

(Fortsetzung Baureihe 44)

Lok-Nr.	Lieferfirma	Baujahr/F.-Nr.	Bemerkungen
44 1016—1038	WLF, Floridsdorf	1942/ 9 346— 9 368	ÜK-Ausführung
1039—1099	WLF, Floridsdorf	1942/ 9 395— 9 455	ÜK-Ausführung
1100—1144	Borsig	1942/15 149—15 193	Ab 44 1117 ÜK-Ausführung
1145—1164	Henschel, Krenau	1942/ 1 021— 1 040	ÜK-Ausführung
1165—1210	Krupp	1942/ 2 667— 2 712	ÜK-Ausführung
1211—1230	Schichau	1942/ 3 555— 3 574	ÜK-Ausführung
1231—1240	Frichs, Dänemark	1944/ 326— 335	Bau beendet bei VEB Hans Beimler, Hennigsdorf
1241—1292	Borsig	1943/15 227—15 278	ÜK-Ausführung, davon 44 1263 mit Versuchstender
1293—1312	Henschel, Krenau	1943/ 1 075— 1 094	
1313—1384	Krupp	1943/ 2 735— 2 806	ÜK-Ausführung
1385—1420	Schichau	1943/ 3 577— 3 612	ÜK-Ausführung
1421—1444	Fives, Lille	1943/ 5 001— 5 024	ÜK-Ausführung
1445—1474	Cail	1943/ 4 322— 4 351	ÜK-Ausführung
1475—1480	Cail	1944/ 4 352— 4 357	ÜK-Ausführung
1481—1500	Schneider	1944/ 4 723— 4 741	ÜK-Ausführung
1501	Schneider	1944/ 4 744	ÜK-Ausführung
1502	Schneider	1944/ 4 742	ÜK-Ausführung
1503	Schneider	1944/ 4 745	ÜK-Ausführung
1504—1506	Schneider	1944/ 4 753— 4 755	ÜK-Ausführung
1507	Schneider	1944/ 4 746	ÜK-Ausführung
1508	Schneider	1944/ 4 756	ÜK-Ausführung
1509	Schneider	1944/ 4 748	ÜK-Ausführung
1510—1515	Schneider	1944/ 4 757— 4 762	ÜK-Ausführung
1516	Schneider	1944/ 4 747	ÜK-Ausführung
1517	Schneider	1945/ 4 749	ÜK-Ausführung, gel. an SNCF 150 X 1517
1518—1519	Schneider	1945/ 4 763— 4 764	ÜK-Ausführung, gel. an SNCF 150 X 1518—19
1520	Schneider	1945/ 4 751	ÜK-Ausführung, gel. an SNCF 150 X 1520
1521—1587	Borsig	1943/15 360—15 426	
1588—1594	Graffenstaden	1943/ 7 844— 7 850	ÜK-Ausführung
1595—1596	Graffenstaden	1943/ 7 865— 7 866	ÜK-Ausführung
1597—1606	Graffenstaden	1943/ 7 851— 7 860	ÜK-Ausführung
1607—1645	Henschel, Krenau	1943/ 1 095— 1 133	ÜK-Ausführung
1646—1648	Krupp	1942/ 2 939— 2 941	ÜK-Ausführung
1649—1672	Krupp	1943/ 2 942— 2 965	ÜK-Ausführung
1673—1687	Schichau	1942/ 3 625— 3 639	ÜK-Ausführung
1688—1700	Schichau	1943/ 3 640— 3 652	ÜK-Ausführung
1701	Schneider	1945/ 4 752	ÜK-Ausführung, gel. an SNCF 150 X 1701
1702	Schneider	1945/ 4 750	ÜK-Ausführung, gel. an SNCF 150 X 1702
1703—1720	Schneider	1945/ 4 765— 4 782	ÜK-Ausführung, gel. an SNCF 150 X 1703—1720
1721—1735	Cail	1945/ 4 358— 4 372	ÜK-Ausführung
1736—1750	Batignolles	1945/ 721— 735	ÜK-Ausführung, Kessel-Nr. 808—822
1751—1765	Fives, Lille	1945/ 5 035— 5 049	ÜK-Ausführung
1766—1795	Schneider	1945—46/ 4 783— 4 812	ÜK-Ausführung, gel. an SNCF 150 X 1766—95
1796—1804	Cail	1944/ 4 373— 4 381	ÜK-Ausführung
1805—1820	Cail	1945/ 4 382— 4 397	ÜK-Ausführung, gel. an SNCF 150 X 1805—20
1821—1822	Batignolles	1945/ 736— 737	ÜK-Ausführung, Kessel-Nr. 823—824
1823—1845	Batignolles	1945—46/ 738— 760	ÜK-Ausführung, Kessel-Nr. 825—847, gel. an SNCF 150 X 1823—45
1846—1858	Fives, Lille	1944/ 5 050— 5 062	ÜK-Ausführung

(weiter auf Seite 89)

Einheitslokomotive der Baureihe 44, erstmals gebaut 1926. Achsfolge 1′E h3. Die Maschine 44 004 wurde 1926 unter der Fabrik-Nr. 8529 von Schwartzkopff geliefert. Vorserie der schweren Güterzuglok. Dreizylindertriebwerk.

Oben: Die Maschine 44 010 wurde 1926 unter der Fabrik-Nr. 4143 von der Maschinenfabrik Esslingen geliefert. Vorserie der schweren Güterzuglok. Unten: Mitteldruck-Versuchslokomotive 44 011, Achsfolge 1′E h4v. Die Maschine wurde 1933 unter der Fabrik-Nr. 22 000 von Henschel geliefert. Schwere Güterzuglok mit 25-atü-Kessel und Vierzylinder-Verbundtriebwerk.

44 022

44 096
Ld 265 a

44 386

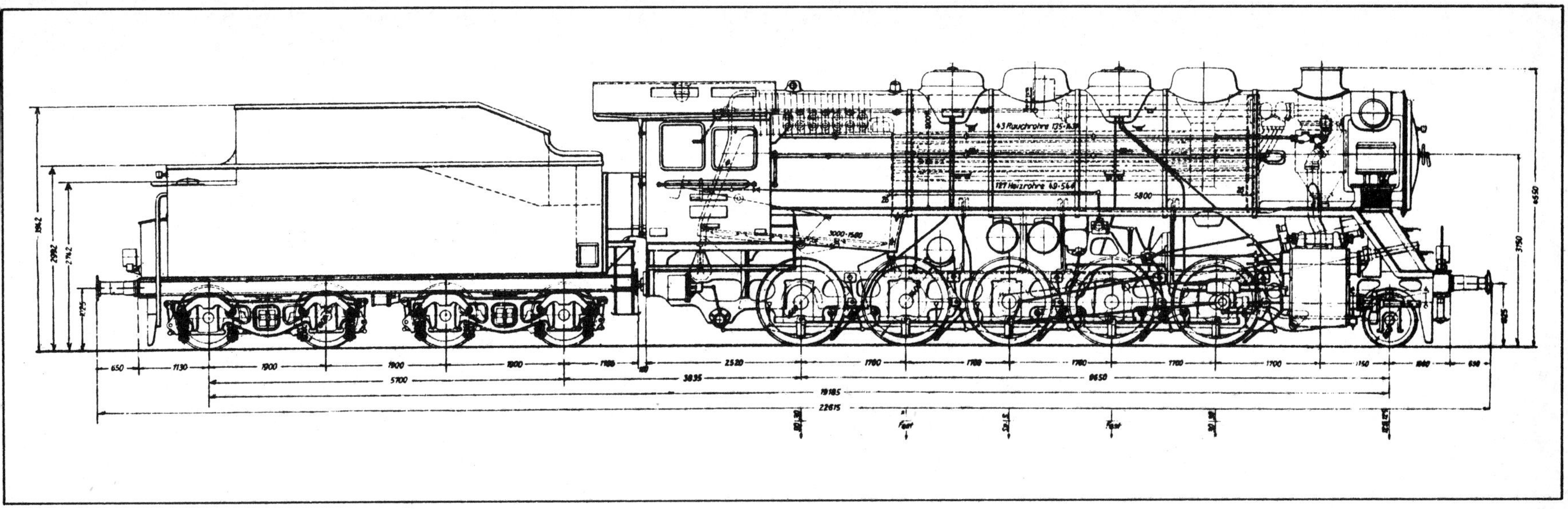

Linke Seite oben: Einheitslokomotive der Baureihe 44, erstmals gebaut 1926. Die Maschine 44 022 wurde 1937 unter der Fabrik-Nr. 23 481 von Henschel geliefert. Zwischenausführung der schweren Güterzuglok. Tender 2′2′ T 32,5.

Mitte: Henschel-Fabrik-Nr. 24 265 aus dem Jahre 1937. Lokomotive 44 096 der Standardausführung (ab Lok 44 066) mit Tender 2′2′ T 34.

Unten: Die Maschine 44 386 wurde 1941 unter der Fabrik-Nr. 4451 von der Maschinenfabrik Esslingen geliefert. Standardausführung der schweren Güterzuglok.

Oben und rechts: Skizzen der Ursprungsausführung der Reihe 44 von 1925 mit Tender 2′2′ T 32.

Unten und rechts außen: Standardausführung der Reihe 44 von 1937 mit Tender 2′2′ T 34.

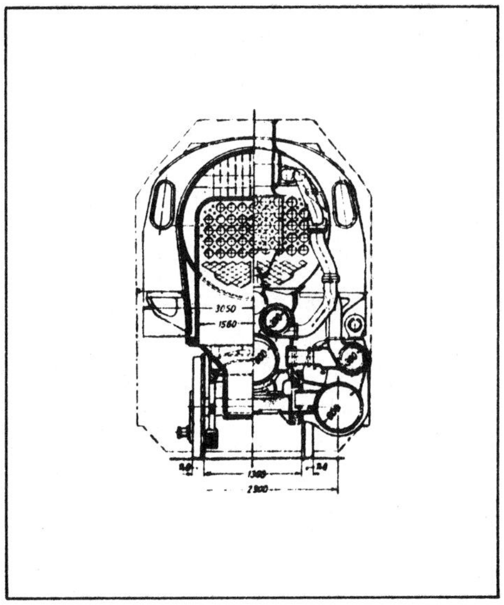

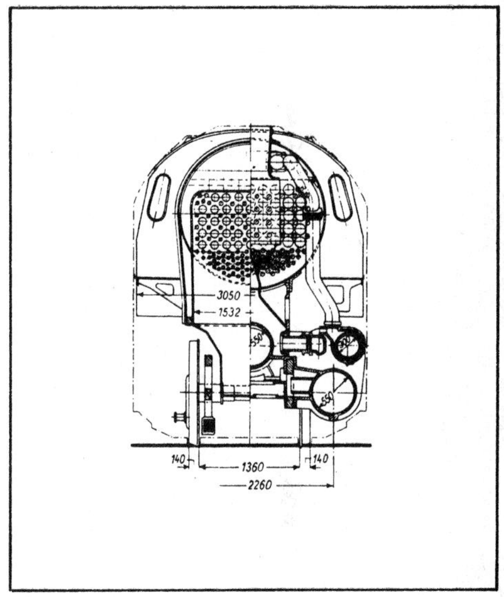

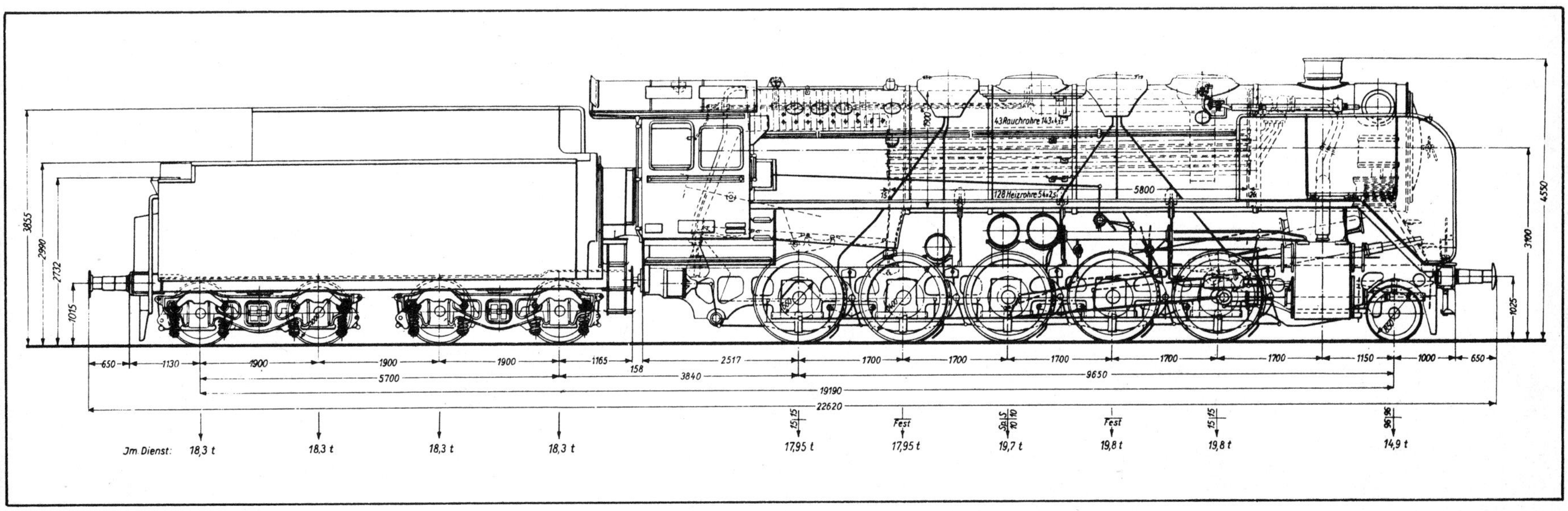

Die Maschine 44 023 wurde 1937 unter der Fabrik-Nr. 23 482 von Henschel geliefert. Zwischenausführung der schweren Dreizylinder-Güterzuglokomotive.

Die Maschine 44 039 wurde 1937 von Schwartzkopff unter Fabrik-Nr. 10 701 abgeliefert. Zwischenausführung, Tender 2′2′ T 32,5.

(Fortsetzung Baureihe 44)

Lok-Nr.	Lieferfirma	Baujahr/F.-Nr.	Bemerkungen
44 1859—1865	Fives, Lille	1945/ 5 063— 5 069	ÜK-Ausführung, gel. an SNCF 150 X 1859—65
1866—1905	Cail	1945—46/ 4 398— 4 437	ÜK-Ausführung, gel. an SNCF 150 X 1866—1905
1906—1935	Cail		Serie nicht mehr gebaut
1936—1949	Batignolles	1945/ 761— 744	ÜK-Ausführung, gel. an SNCF 150 X 1936—49
1950—1955	Batignolles	1946/ 775— 780	ÜK-Ausführung, gel. an SNCF 150 X 1950—55
1956—1963	Fives, Lille	1945/ 5 070— 5 077	ÜK-Ausführung, gel. an SNCF 150 X 1956—63
1964—1990	Fives, Lille	1945/ 5 078— 5 104	ÜK-Ausführung, gel. an SNCF 150 X 1964—90
1991—1995	Fives, Lille	1946/ 5 105— 5 109	ÜK-Ausführung, gel. an SNCF 150 X 1991—95
1996—2015	Fives, Lille	1946/ 5 114— 5 133	ÜK-Ausführung, gel. an SNCF 150 X 1996—2015
2016—2025	Fives, Lille		Serie nicht mehr gebaut. War bei Fives, Lille, mit Fabrik-Nr. 5134—43 bestellt

Ein Beispiel für die „Verlagerung" der Reihe 44 nach Frankreich: Die erste bei Graffenstaden gebaute Maschine, Fabrik-Nr. 7796, abgenommen im RAW Offenburg am 30. Mai 1942.

16.)
Baureihe 45
Bauart 1′E1′ h3
Gattung G 57.18/20

Für schwerste Güterzüge beschaffte die Reichsbahn die Reihe 45, deren Kuppelachslast im Betriebswerk von 18 t auf 20 t umgestellt werden konnte. Der Langrohrkessel, das lange Fahrwerk und auch die Zugkraft entsprachen nicht den Erwartungen. Die DB ließ fünf von diesen Maschinen mit neuen Stehkesseln, weitere fünf mit neuen Gesamtkesseln und alle zehn mit Stokerfeuerung ausrüsten. Drei Loks liefen zuletzt beim Versuchsamt Minden.

Lok-Nr.	Lieferfirma	Baujahr/F.-Nr.	Bemerkungen
45 001—002	Henschel	1936/22 805—22 806	Erstausführung
003—006	Henschel	1940/24 796—24 799	Einheitslok
007—028	Henschel	1941/24 800—24 821	Einheitslok
029—052	Henschel	— /24 822—24 845	durch den Krieg nicht mehr gebaut
053—132	Henschel	— /25 964—26 043	durch den Krieg nicht mehr gebaut

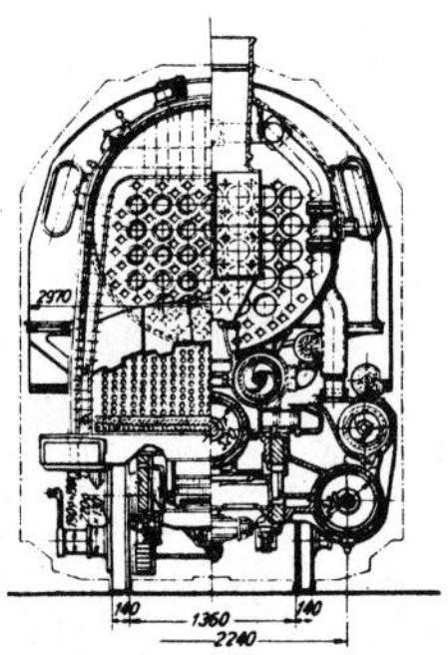

Links und unten: Skizzen der Prototypen Reihe 45, ab Lok 45 003 mit geringen Abweichungen.

Rechte Seite oben und Mitte: Einheitslokomotive der Baureihe 45, Achsfolge 1′E1′ h3. Die Maschine 45 00[illegible] wurde 1936 unter der Fabrik-Nr. 22 805 von Henschel geliefert. Prototyp der schwersten Güterzuglok.
Unten: Die Maschine 45 026 wurde 1941 unter der Fabrik-Nr. 24 819 von Henschel geliefert. Serienausführung

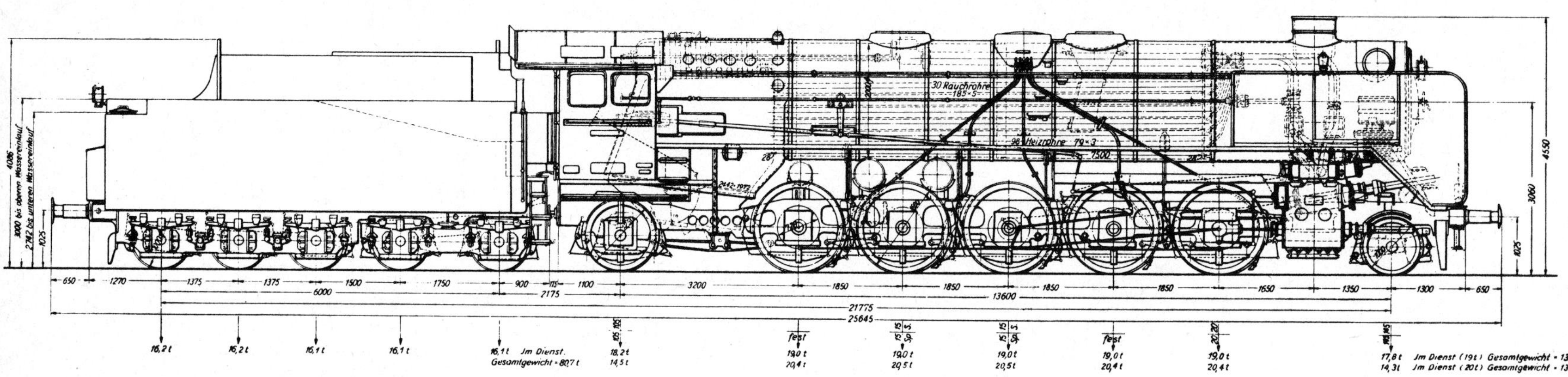

45 001

45 001

45 026

Oben: Die Maschine 45 026 wurde 1941 unter der Fabrik-Nr. 24 819 von Henschel geliefert. Schwere schnellfahrende Güterzuglok, Serienausführung.

Unten: Einheitslokomotive der Baureihe 50, erstmals gebaut 1939. Achsfolge 1′E h2. Die Maschine 50 002 wurde 1939 unter der Fabrik-Nr. 24 356 von Henschel geliefert. Leichte Güterzuglokomotive. Tender 2′2′ T 26.

17.)
Baureihe 50
Bauart 1'E h2
Gattung G 56.15

Die Baureihe 50 wurde ab 1937 für leichte Strecken mit schlecht unterhaltenem Oberbau entwickelt und nach den politischen Entwicklungen ab 1938 in großen Stückzahlen beschafft. Auch viele Lokfabriken in den angeschlossenen und eroberten Ländern waren am Bau beteiligt. Ab 1942 wurden die Loks kriegsbedingt vereinfacht, die letzten Serien mit Nummern der Kriegslokreihe 52 in Dienst gestellt.

Lok-Nr.	Lieferfirma	Baujahr/F.-Nr.	Bemerkungen
50 001— 012	Henschel	1938/24 355—24 366	
013— 087	Henschel	1938/24 633—24 707	
088— 122	Henschel	1940/24 708—24 742	
123— 173	Borsig	1939/14 854—14 904	
174— 233	Krupp	1939/ 2 040— 2 099	
234— 270	Krauss-Maffei	1939/15 753—15 789	
271— 315	Wiener Lokfabrik	1939/ 3 281— 3 325	
316— 365	Henschel	1940/24 950—24 999	
366— 385	Borsig	1940/14 956—14 975	
386— 405	Krupp	1940/ 2 161— 2 180	
406— 411	Krauss-Maffei	1939/15 821—15 826	
412— 429	Schwartzkopff	1940/11 410—11 427	
430— 454	Schichau	1940/ 3 392— 3 416	
455— 460	Orenstein	1940/13 520—13 525	
461— 475	Wiener Lokfabrik	1940/ 3 326— 3 340	
476— 485	Krauss-Maffei	1940/15 827—15 836	
486— 505	Borsig	1940/14 934—14 953	
506— 523	Borsig	1940/14 982—14 999	
524— 526	Borsig	1940/14 931—14 933	
527— 528	Borsig	1940/15 003—15 004	
529— 585	Henschel	1940/25 748—25 804	
586— 635	Henschel	1941/25 805—25 854	
636— 755	Wiener Lokfabrik	1941/ 3 356— 3 475	
756— 770	Wiener Lokfabrik	1941/ 9 114— 9 128	
771— 798	Henschel	1941/25 855—25 882	
799— 810	Jung	1941/ 9 271— 9 282	
811— 850	Krauss-Maffei	1940/16 020—16 059	50 819 mit Tolkiensteuerung
851— 870	Krauss-Maffei	1941/16 060—16 079	
871— 890	Krauss-Maffei	1941/16 081—16 100	
891— 939	Krupp	1940/ 2 352— 2 400	
940— 986	Krupp	1941/ 2 305— 2 351	50 975 Umbau BZA Minden mit Riggenbach-Gegendruckbremse
987— 997	Orenstein	1941/13 526—13 536	
998—1017	Schichau	1941/ 3 423— 3 442	
1018—1021	Schichau	1941/ 3 445— 3 448	
1022—1094	Schwartzkopff	1941/11 511—11 583	
1095—1194	Skoda	1941/ 1 174— 1 273	ab 1167 ÜK
1195—1254	Wiener Lokfabrik	1941/ 9 129— 9 188	
1255—1262	Jung	1941/ 9 283— 9 290	
1263—1274	Jung	1941/ 9 801— 9 812	
1275—1289	Orenstein	1941/13 537—13 551	
1290—1344	Schichau	1941/11 584—11 638	
1345—1384	Borsig	1941/15 060—15 099	ab 1355 ÜK
1385—1393	Eßlingen	1941/ 4 460— 4 468	
1394—1397	Eßlingen	1941/ 4 473— 4 476	
1398—1419	Wiener Lokfabrik	1941/ 9 199— 9 220	
1420—1589	Henschel	1941/26 230—26 399	ab 1583 ÜK
1590—1609	Jung	1941/ 9 813— 9 832	
1610—1619	Jung	1941/ 9 981— 9 990	
1620—1689	Krauss-Maffei	1941/16 163—16 232	ab 1640 ÜK
1690—1693	Krupp	1941/ 2 530— 2 533	
1694	Krupp	1941/ 2 534	Einrichtung zur Unsichtbarmachung des Abdampfes

(weiter auf Seite 94)

(Fortsetzung Tabelle Baureihe 50)

Lok-Nr.	**Lieferfirma**	**Baujahr/F.-Nr.**	**Bemerkungen**
50 1695—1749	Krupp	1941/ 2 535— 2 589	
1750—1767	Orenstein	1941/13 651—13 668	
1768—1813	Schichau	1941/ 3 469— 3 514	
1814—1891	Schwartzkopff	1941/11 712—11 789	
1892—1906	Skoda	1942/ 1 274— 1 288	ÜK
1907—1941	CKD	1942/ 2 143— 2 177	ÜK
1942—1971	DMW, Posen	1941/ 369— 398	
1972—1979	Couillet	1943/ 1 836— 1 843	Auslief. bis 1945
1980—1995	Couillet	1944/ 1 844— 1 859	Auslief. bis 1945, 1995 an SNCB geliefert
1996—2033	Tubize	1943/ 2 267— 2 304	
2034—2075	Cockerill	1943/ 3 294— 3 335	Auslief. bis 1944, 2074 u. 2075 an SNCB
2076—2101	La Meuse	1042/ 4 149— 4 174	Auslief. bis 1944, 2092—2101 1946/47 an SNCB
2102—2129	Haine St. P.	1943/ 1 850— 1 877	
2130—2155	Franco Belge	1944/ 2 552— 2 577	2155 an SNCB
2156—2171	Energie	1942/ 395— 410	
2172—2180	Wiener Lokfabrik	1942/ 9 334— 9 342	
2181—2183	Wiener Lokfabrik	1942/ 9 371— 9 373	
2184—2199	Wiener Lokf.	1942/ 9 379— 9 394	
2200—2224	Borsig	1942/15 194—15 218	ÜK
2225—2266	DMW, Posen	1942/ 399— 440	ÜK
2267—2353	Henschel	1942/26 598—26 684	ÜK
2354—2363	Jung	1942/ 9 991—10 000	ÜK
2364—2373	Jung	1942/10 621—10 630	ÜK
2374—2425	Krauss-Maffei	1942/16 249—16 300	ÜK
2426—2501	Krupp	1942/ 2 591— 2 666	ÜK
2502—2513	Orenstein	1942/13 701—13 712	ab 2507 ÜK
2514—2553	Schichau	1942/ 3 515— 3 554	ab 2529 ÜK
2554—2637	Schwartzkopff	1942/11 804—11 887	2614—2631 ÜK, 2634—2637 ÜK
2638—2667	Warschauer Lokfabrik	1944/ 401— 430	gebaut für Warschauer Lokomotivfabrik von Ostrowiece 587—616, 2664—2667 nicht mehr an DR
2668—2691	Eßlingen	1942/ 4 480— 4 503	ÜK
2692—2772	Henschel	1942/26 760—26 840	ÜK
(2773—2777)	Henschel	1942/26 841—26 845	gel. als BR 52 002 bis 006 mit gewölbter Feuerbüchsdecke
2778—2800	Jung	1942/10 801—10 823	ÜK
2801—2862	Krauss-Maffei	1942/16 318—16 379	ÜK
2863—2924	Schwartzkopff	1942/11 919—11 980	ÜK
2925—2949	Skoda	1942/ 1 337— 1 361	ÜK
2950—3008	Wiener Lokfabrik	1942/ 9 537— 9 595	ÜK
3009—3010	Wiener Lokfabrik	1942/ 9 596— 9 597	ÜK mit geänderter Rohrteilung (Versuch)
3011—3012	Wiener Lokf.	1942/ 9 598— 9 599	ÜK mit Brotankessel
3013—3044	Eßlingen	1942/ 4 504— 4 535	ÜK
(3045—3113)	Henschel	1942/26 925—26 993	geliefert als 52 007—069
(3114—3119)	Henschel	1942/26 994—26 999	geliefert als 52 344—349
(3120—3129))	Jung	1942/11 091—11 100	geliefert als 52 076—085
(3130—3167)	Krauss-Maffei	1942/16 397—16 434	geliefert als 52 086—123
(3168—3187)	Orenstein	1942/13 771—13 790	geliefert als 50 3145—164
(3188—3284)	Schwartzkopff	1942/12 149—12 234	geliefert als 52 144—240
(3285—3387)	Wiener Lokfabrik	1942/ 9 613— 9 715	geliefert als 52 241—343
3045—3069	Krupp	1943/ 3 120— 3 144	Ersatzbauten
3070—3129	MBA	1943/14 196—14 255	Ersatzbauten
3130—3144	MBA	1943/14 269—14 283	Ersatzbauten
3145—3164	MBA	1943/13 771—13 790	vorgesehen als 52 124—143
3165—3171	Henschel	1949/28 282—28 288	Umbau 1956/57 aus 52 129—135

Oben: Die Maschine 50 011 wurde 1939 unter der Fabrik-Nr. 24 365 von Henschel geliefert. Vorserie der leichten Güterzuglok.

Unten: Die Maschine 50 254 wurde 1939 unter der Fabrik-Nr. 15 773 von Krauss-Maffei geliefert. Serienausführung der leichten Güterzuglok.

Die Maschine 50 802 wurde 1941 unter der Fabrik-Nr. 9273 von Jung geliefert. Serienausführung der leichten Güterzuglok.

Die Maschine 50 2283 wurde 1942 unter der Fabrik-Nr. 26 613 von Henschel geliefert. Leichte Güterzuglok mit den ersten Vereinfachungen für die Kriegsproduktion (Umlauf, Windleitbleche).

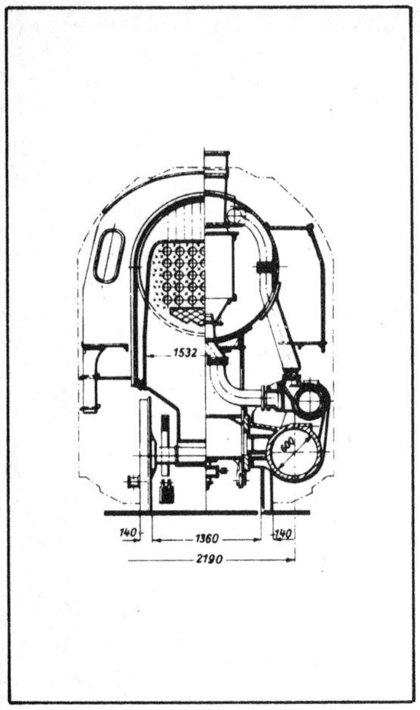

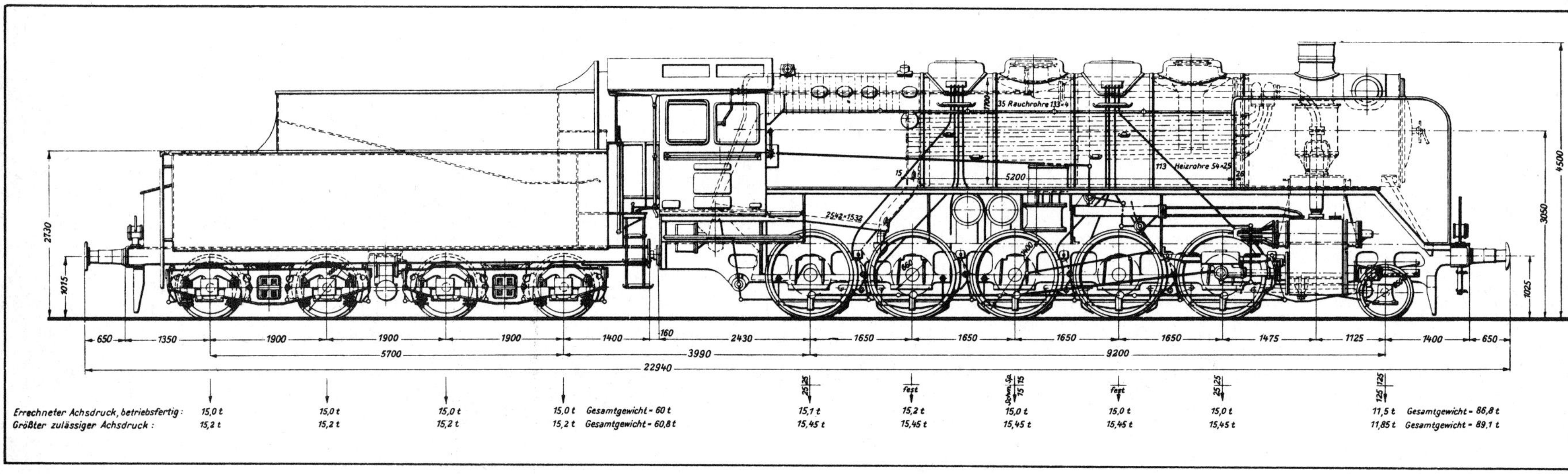

Oben rechts: Einheitslok 50 2339 von Henschel (Fabrik-Nr. 26 670) aus dem Jahre 1942 mit kriegsbedingten Vereinfachungen.

Oben links und Mitte: Skizzen der Reihe 50 in der Ursprungsausführung von 1938.

Rechte Seite oben: Einheitslokomotive 50 1675 ÜK. Die Maschine wurde 1942 unter der Fabrik-Nr. 16 218 von Krauss-Maffei geliefert. Erste Vereinfachungen für die Kriegsproduktion (Vorwärmer, Windleitbleche).

Mitte: Die Maschine 50 2688 ÜK wurde 1942 unter der Fabrik-Nr. 4500 von der Maschinenfabrik Esslingen geliefert. Leichte Güterzuglok mit Vereinfachungen für die Kriegsproduktion (Vorwärmer, Speisedom).

Unten: Einheitslokomotive 50 2866 ÜK. Die Maschine wurde 1942 unter der Fabrik-Nr. 11 921 von Schwartzkopff geliefert. Vereinfachungen wie Lok 50 2283 (S. 97).

50 1675 ÜK

Masch. Fabrik Esslingen
4500
Lokomotiven
50 2688 ÜK
K 21

50 2866 ÜK
50 2866 ÜK
K 37

Oben: Die Maschine 50 2332 wurde 1942 unter der Fabrik-Nr. 26 663 von Henschel geliefert. Leichte Güterzuglok mit den Vereinfachungen zum Übergang auf die Baureihe 52. Vgl. Seite 98.

Links: Sonderlokomotive 50 3012 mit Kriegsvereinfachungen und Brotan-Wellrohrfeuerbüchse. Erbauer Wiener Lokfabrik, Baujahr 1942, Fabrik-Nr. 9599.

18.)
Baureihe 52
Bauart 1'E h2
Gattung G 56.15

Die Baureihe 52 ist im Laufe des Jahres 1942 als „Kriegslokomotive" aus der Reihe 50 entstanden. In den Werken wurde die Fertigung von der Baureihe 50 in die Reihe 52 übergeleitet. Wichtigste Veränderungen waren der Übergang vom Barren- zum Blechrahmen, der Ersatz von Buntmetall und eine rigorose Entfeinerung in Konstruktion und Herstellung. An der Produktion der rund siebentausend Loks waren fast alle mitteleuropäischen Lokfabriken beteiligt. Die große Stückzahl dieser Baureihe zwingt dazu, in der folgenden Liste die Fabriknummern wegzulassen. Nach dem 8. Mai 1945 fertiggestellte Loks sind in Kursivdruck aufgeführt.

(weiter auf Seite 104)

Lok-Nr.	Lieferfirma	Baujahr	Bemerkungen
52 001	Borsig	1942	Vorauslok mit Blechrahmen
002—006	Henschel	1942	aus 50 2773—2777 ÜK Vers. m. gew. Fb.-Decke
007—075	Henschel	1942	als 50 3045—3113 ÜK vorgesehen
076—085	Jung	1943	als 50 3120—3129 ÜK vorgesehen
086—123	Krauss-Maffei	1943	als 50 3130—3167 ÜK vorgesehen
(124—143)	MBA	—	als 50 3168—3187 ÜK vorgesehen, 1942 als 50 3145—3164 ÜK abgeliefert
124—143	Henschel	1948/50	Nachkriegslieferungen
144—240	Schwartzkopff	1943	als 50 3188—3284 ÜK vorgesehen
241—343	Floridsdorf	1942/43	als 50 3285—3387 ÜK vorgesehen
344—349	Henschel	1943	als 50 3114—3119 ÜK vorgesehen
350—363	Borsig	1943	
(364—368)	Borsig	—	1943 als 56 511—515 an TCDD
369—523	Borsig	1943	
524—525	Borsig	1944	Geschw. Blechrahmen, Knorr-Vorw.
526—604	Schwartzkopff	1943/44	für Borsig
605—691	Schichau	1943	für Borsig
692—817	Henschel	1944	für Borsig
818—870	Kren	1944	für Borsig
871—874	Eßlingen	1944	für Borsig
(875—1097)	Eßlingen	—	1945 gestrichen
875—892)	Henschel	1949/51	Nachkriegslieferungen
(893—894)	Henschel	—	1951 als 42 9000—9001 geliefert
(895—1097)	Henschel	—	storniert
1098—1099	Eßlingen	1943	
1100—1349	DWM/P	1944	
1350—1505	Eßlingen	1943	
(1506—1507)	Eßlingen	—	1943 als 52 3638—3639 abgeliefert
1508—1522	Eßlingen	1943	
(1523)	Eßlingen	—	1944 als 52 3762 abgeliefert
1524	Eßlingen	1944	
(1525)	Eßlingen	—	1944 als 52 3763 abgeliefert
1526—1599	Eßlingen	1944	
1600—1738	Graffenstaden	1943/44	
(1739—1755)	Graffenstaden	—	1945 als 150 Y 1—17 an SNCF
(1756—1849)	Graffenstaden	—	1945 gestrichen
1796	Henschel	1945	II. Vergabe
1797	Henschel	1945	Nachkriegsauslieferung
1798—1802	Henschel	1945	
1803—1818	Henschel	1945/47	Nachkriegsauslieferung
(1819—1849)	Henschel	—	1945 gestrichen
1850—1986	Henschel	1943/44	Kondenstender 3'2'T 16
1987—2017	Henschel	1944/45	Kondenstender 2'2'T 13,5
2018—2020	Henschel	1945	Kondenstender 2'2'T 13,5 Nachkriegsauslieferung
2021	Henschel	1945	Kondenstender 2'2'T 13,5
2022—2027	Henschel	1945/47	Kondenstender 2'2'T 13,5 Nachkriegsauslieferung
(2028—2089)	Henschel	—	1945 gestrichen, Kondenseinrichtung vorges.
2090—2868	Henschel	1943/45	
2869	Henschel	1945	Nachkriegsauslieferung
2870	Henschel	1945	
2871	Henschel	1945	Nachkriegsauslieferung
2872—2876	Henschel	1945	
2877	Henschel	1945	Nachkriegsauslieferung
2878—2887	Henschel	1944/45	
2888—2893	Henschel	1945	Nachkriegsauslieferung
(2894—2901)	Henschel	—	1945 gestrichen
(2902—2941)	Henschel	—	1943 als 150 1061—1100 an CFR

Links: Die Maschine 52 1574 wurde unter der Fabrik-Nr. 4798 von der Maschinenfabrik Esslingen geliefert. Standard-Kriegslokomotive mit Blechrahmen (Stirnansicht).

Rechte Seite oben: Einheitslokomotive der Baureihe 52, ab 1942 gebaut. Achsfolge 1′E h2. Die Maschine 52 001 wurde 1942 unter der Fabrik-Nr. 15 446 von AEG-Borsig geliefert. Prototyp der leichten Kriegslok mit Blechrahmen und Westwaggon-Wannentender.

Mitte: Die Maschine 52 3378 wurde 1943 unter der Fabrik-Nr. 16 504 von Krauss-Maffei geliefert. Kriegslokomotive mit Blechrahmen, erweitertem Frostschutz und Steifrahmentender.

Unten: Einheitslokomotive der Baureihe 52 Kondens, Achsfolge 1′E h2. Die Maschine 52 2006 wurde 1944 unter der Fabrik-Nr. 27 334 von Henschel geliefert. Kriegs-Kondenslokomotive mit vierachsigem Tender. Lok kam 1945 nach USA.

52 001

52 3378

(Fortsetzung Tabelle Baureihe 52)

Lok-Nr.	Lieferfirma	Baujahr	Bemerkungen
52(2942—3099)	Henschel	—	1945 gestrichen
3100—3320	Jung	1943/45	
3321—3331	Jung	1945/46	Nachkriegsauslieferung
(3332—3349)	Jung	—	1945 gestrichen
3350—3619	Krauss-Maffei	1943	
3620—3623	Krauss-Maffei	1943/45	Wellrohrfeuerbüchse
(3624)	Krauss-Maffei	—	Bau 1945 eingestellt Wellrohrfeuerbüchse vorgesehen
3625—3631	Floridsdorf	1943	für Krauss-Maffei
3632—3634	DWM/P	1943	für Krauss-Maffei
3635—3637	MBA	1943	für Krauss-Maffei
3638—3639	Eßlingen	1943	für Krauss-Maffei
3640—3641	Kren	1943	für Krauss-Maffei
3642—3655	Floridsdorf	1943	für Krauss-Maffei
3656—3661	DWM/P	1943	für Krauss-Maffei
3662—3667	MBA	1943	für Krauss-Maffei
3668—3670	Eßlingen	1943	für Krauss-Maffei
3671—3674	Kren	1943	für Krauss-Maffei
3375—3688	Floridsdorf	1943/44	für Krauss-Maffei
3689—3694	DWM/P	1943/44	für Krauss-Maffei
3695—3700	MBA	1943	für Krauss-Maffei
3701—3704	Eßlingen	1943/44	für Krauss-Maffei
3705—3708	Kren	1943/44	für Krauss-Maffei
3709—3722	Floridsdorf	1944	für Krauss-Maffei
3723—3728	DWM/P	1944	für Krauss-Maffei
3729—3731	MBA	1944	für Krauss-Maffei
3732—3735	Eßlingen	1944	für Krauss-Maffei
3736—3739	Kren	1944	für Krauss-Maffei
3740—3753	Floridsdorf	1944	für Krauss-Maffei
3754—3759	DWM/P	1944	für Krauss-Maffei
3760—3761	Eßlingen	1944	für Krauss-Maffei
3762—3763	Eßlingen	1944	als 52 1525 vorgesehen; für Krauss-Maffei
3764—3767	Kren	1944	für Krauss-Maffei
(3768)	Floridsdorf	—	1944 als 52 3879 abgeliefert
3769—3781	Floridsdorf	1944	für Krauss-Maffei
3782—3787	DWM/P	1944	für Krauss-Maffei
3788—3796	MBA	1944	für Krauss-Maffei
3797—3800	Eßlingen	1944	für Krauss-Maffei
3801—3804	Kren	1944	für Krauss-Maffei
3805—3818	Floridsdorf	1944	für Krauss-Maffei
3819—3824	DWM/P	1944	für Krauss-Maffei
3825—3833	MBA	1944	für Krauss-Maffei
3834—3837	Eßlingen	1944	für Krauss-Maffei
3838—3841	Kren	1944	für Krauss-Maffei
3842—3855	Floridsdorf	1944	für Krauss-Maffei
3856—3861	DWM/P	1944	für Krauss-Maffei
3862—3870	MBA	1944	für Krauss-Maffei
3871—3874	Eßlingen	1944	für Krauss-Maffei
3875—3878	Kren	1944	für Krauss-Maffei
3879	Floridsdorf	1944	als 52 3768 vorgesehen für Krauss-Maffei
3880—3887	DWM/P	1944	für Krauss-Maffei
(3888—3891)	DWM/P	—	1945 von Ceg an PKP (str.)
3892—3900	MBA	1944	für Krauss-Maffei
3901—3906	Kren	1944	für Krauss-Maffei
(3907—3912)	DWM/P	—	1945 von Ceg an PKP
3913—3918	MBA	1944	für Krauss-Maffei
3919—3925	Kren	1944	für Krauss-Maffei
(3926—3937)	Kren	—	nicht gebaut
3938—3943	MBA	1944	für Krauss-Maffei
(3944—3949)	MBA	—	nicht gebaut
3950—3961	Kren	1944	für Krauss-Maffei

(weiter auf Seite 106)

Oben: Einheitslokomotive der Baureihe 52. Die abgebildete Maschine wurde 1944 von Henschel gebaut. Kriegslokomotive mit Blechrahmen und Leichtbau-Wannentender. Lieferung an eine ausländische Bahn.

Unten: Die Maschine 52 2347 wurde 1943 unter der Fabrik-Nr. 25 515 von Henschel geliefert.

(Fortsetzung Tabelle Baureihe 52)

Lok-Nr.	Lieferfirma	Baujahr	Bemerkungen
52 (3962—4044)	Kren	—	1945 gestrichen
4045—4049	Floridsdorf	1944	
(4050—4359)		—	1945 gestrichen
4360—4373	Kren	1944	
(4374—4399)	Kren	—	1945 gestrichen
4400—4420	Henschel	1944	für Borsig
(4421—4499)		—	1945 gestrichen
4500—4563	DWM/P	1944	(bis 4565 str.)
(4564—4749)		—	1945 gestrichen
4750—4784	MBA	1943	
4785	MBA	1943	Heinl-Mischvorwärmer
4786—4854	MBA	1943	
(4855—4864	MBA	—	1943 als 56 516—525 an TCDD
4865—4914	MBA	1943	
4915	MBA	1944	Lentz-Ventilsteuerung
4916—4966	MBA	1943/44	
(4967—4975)	MBA	—	nicht gebaut, Ventilsteuerung vorgesehen
4976—5057	MBA	1944	
5058—5074	MBA	1944	mit geschweißtem Langkessel
5075—5124	MBA	1944	
5125—5374	Kren	1943/44	
5375—5794	Schichau	1943	
5795	Schichau	1943	Heinl-Mischvorwärmer
5796—5874	Schichau	1943/44	
5875—6061	Schwartzkopff	1943	
(6062—6063	Schwartzkopff	—	1943 als 56 526—527 an TCDD
6064—6065	Schwartzkopff	1943	
(6066—6073)	Schwartzkopff	—	1943 als 56 528—535 an TCDD
6074—6434	Schwartzkopff	1943/44	
(6435—6624)	Schwartzkopff	—	1945 gestrichen
6625—6684	Skoda	1943	
6685—7284	Floridsdorf	1943/44	
(7285—7292)	Floridsdorf	—	1943 als 56.536—543 an TCDD
7293—7424	Floridsdorf	1943/44	
(7425—7434)	Floridsdorf	—	1943/44 als 56 544—553 an TCDD
7435—7467	Skoda	1943/44	
7468—7493	Skoda	1944	eingeschweißte gewindelose Stehbolzen
7494—7527	Skoda	1944/45	
(7528—7534)	Skoda	—	1945 gestrichen
7535—7539	Schichau	1944	
7540—7748	Floridsdorf	1944	
7749—7792	MBA	1944	
7793—7794	—	—	Umbesetzungen 1953 und 1962
(7795—8000)	—	—	nicht besetzt
8001—8200	Stendal	1960/70	Reko DR

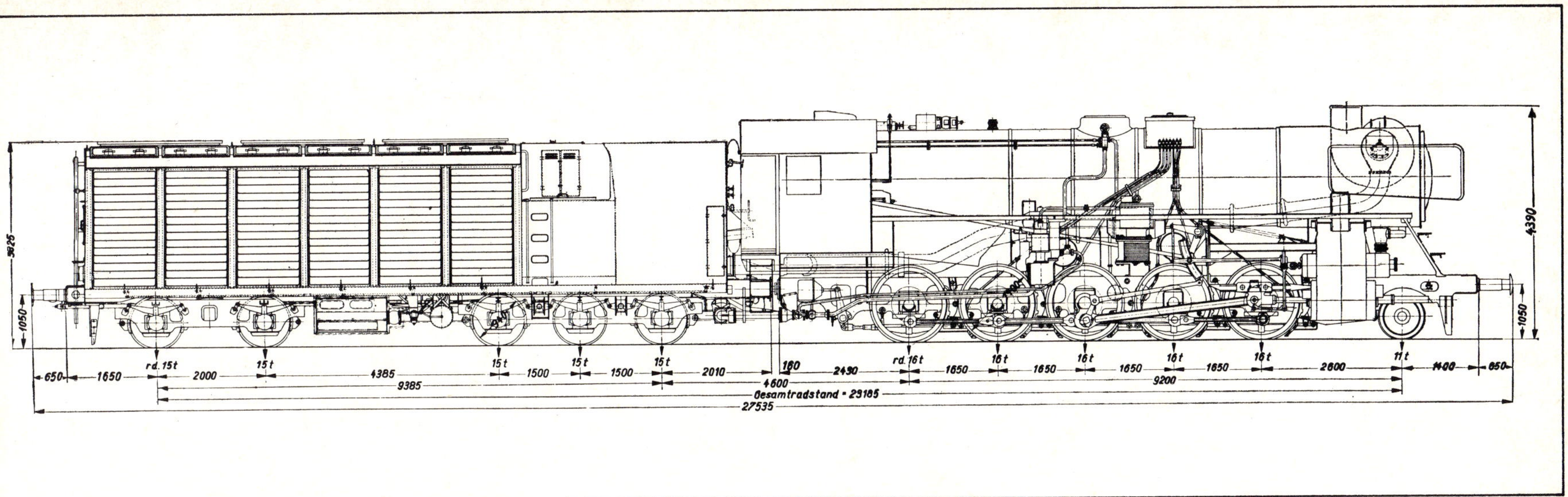

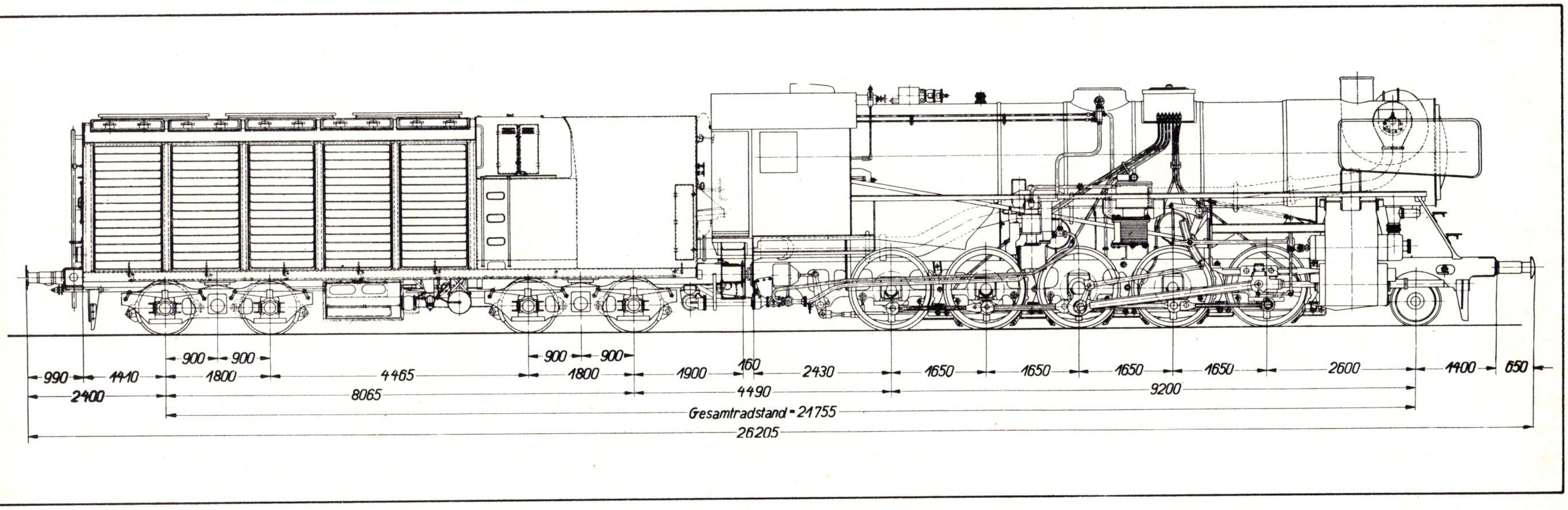

Oben: Die beiden Varianten der Kondenslokomotive mit dem fünfachsigen und dem vierachsigen Tender.

Links: Die Maschine 52 1967 wurde 1944 unter der Fabrik-Nr. 27 965 von Henschel geliefert. Kriegs-Kondenslokomotive mit nicht vollständig ausgerüstetem fünfachsigem Tender.

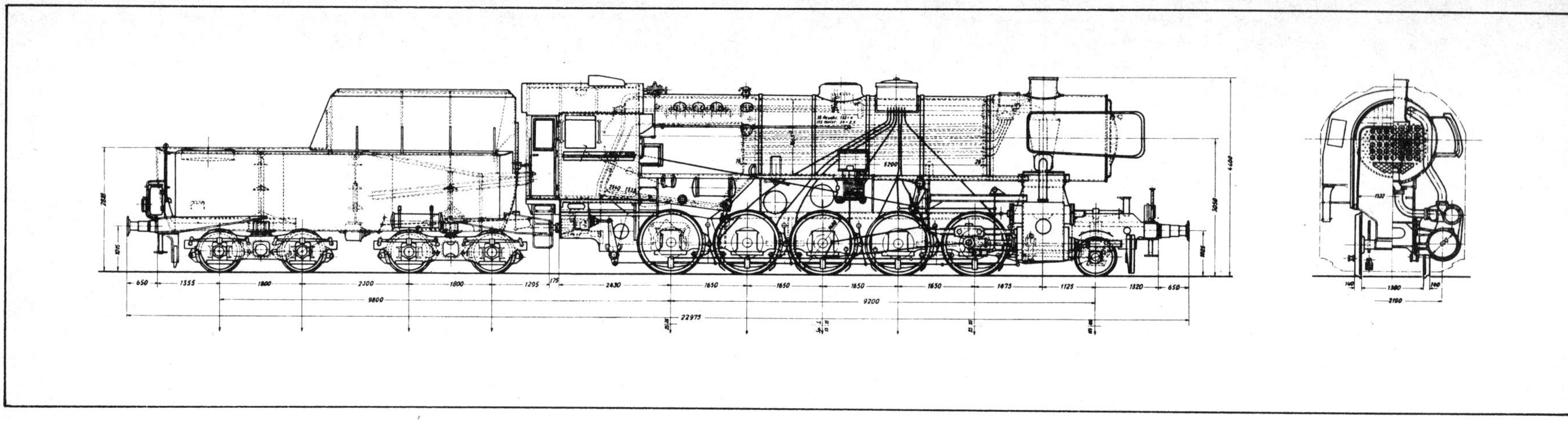

Oben: Skizze der Kriegslok-Reihe 52 mit Blechrahmen.

Rechts: Einheitslokomotive 61 001, Achsfolge 2′C2′ h2. Die Maschine wurde 1935 unter der Fabrik-Nr. 22 500 von Henschel geliefert. Sonderbauart für den Henschel Wegmann-Zug vor Anbau der Stromlinienverkleidung.

Unten: Die Maschine 52 1350 wurde 1943 unter der Fabrik-Nr. 4536 von der Maschinenfabrik Esslingen geliefert. Kriegslokomotive mit Barrenrahmen, erweiterten Frostschutz und Steifrahmentender.

19.)
Baureihe 61
Bauart 2′C2′ h2
und 2′C3′ h3
Gattung St 37.18
und St 38.18

Für den Dienst mit dem Henschel-Wegmann-Zug, der ab 1936 zwischen Berlin und Dresden verkehrte, wurde die Lok 61 001 gebaut. Da ihr Zweizylindertriebwerk wegen des Zuckens zu geringen Komfort bot und auch die Wasservorräte zu knapp waren, wurde 1939 die Lok 61 002 mit Dreizylindermaschine und hinterem dreiachsigem Drehgestell in Dienst gestellt. Die DB musterte die Lok 61 001 1951 aus, die DR baute aus der 61 002 die Schnellfahrlok 18 201 (heute 02 0201).

Lok-Nr.	Lieferfirma	Baujahr/F.-Nr.	Bemerkungen
61 001	Henschel	1935/22 500	2′C2′ h2
002	Henschel	1938/23 515	2′C3′ h3

61 002

.inke Seite oben: Einheitslokomotive
1 001 Achsfolge 2′C2′ h2. Die Maschine
vurde 1935 unter der Fabrik-Nr. 22 500 von
Henschel geliefert. Schnellfahr-Sonder-
bauart für den Henschel-Wegmann-Strom-
liniendampfzug.

.inks unten: Einheitslokomotive 61 002.
Achsfolge 2′C3′ h3. Die Maschine wurde
939 unter der Fabrik-Nr. 23 515 von Hen-
schel geliefert. Verstärkte Ausführung der
Sonderbauart für den Henschel-Wegmann-
Zug.

Rechts: Einheitslokomotive 61 002. Stirn-
ansicht mit geöffneter Stromlinienverklei-
dung.

Links: „Heckansicht" der Lokomotive 61 002 für den Henschel-Wegmann-Zug, Baujahr 1939.

Auf der rechten Seite die Skizzen der Schnellfahrlokomotive 61 001 (oben) von 1935 und der 61 002 (unten) von 1939.

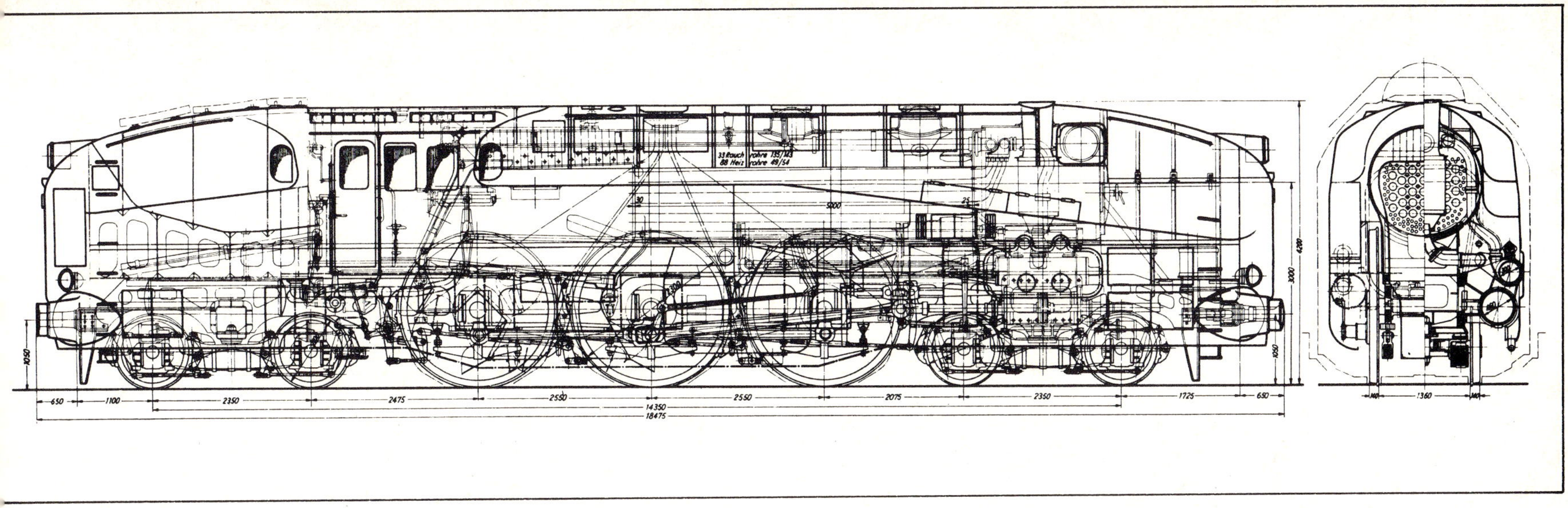
33 Rauch rohre 135/143
88 Heiz rohre 49/54
650
1100
2350
2475
2550
2550
2075
2350
1725
650
14350
18475
1050
3000
4280
1360

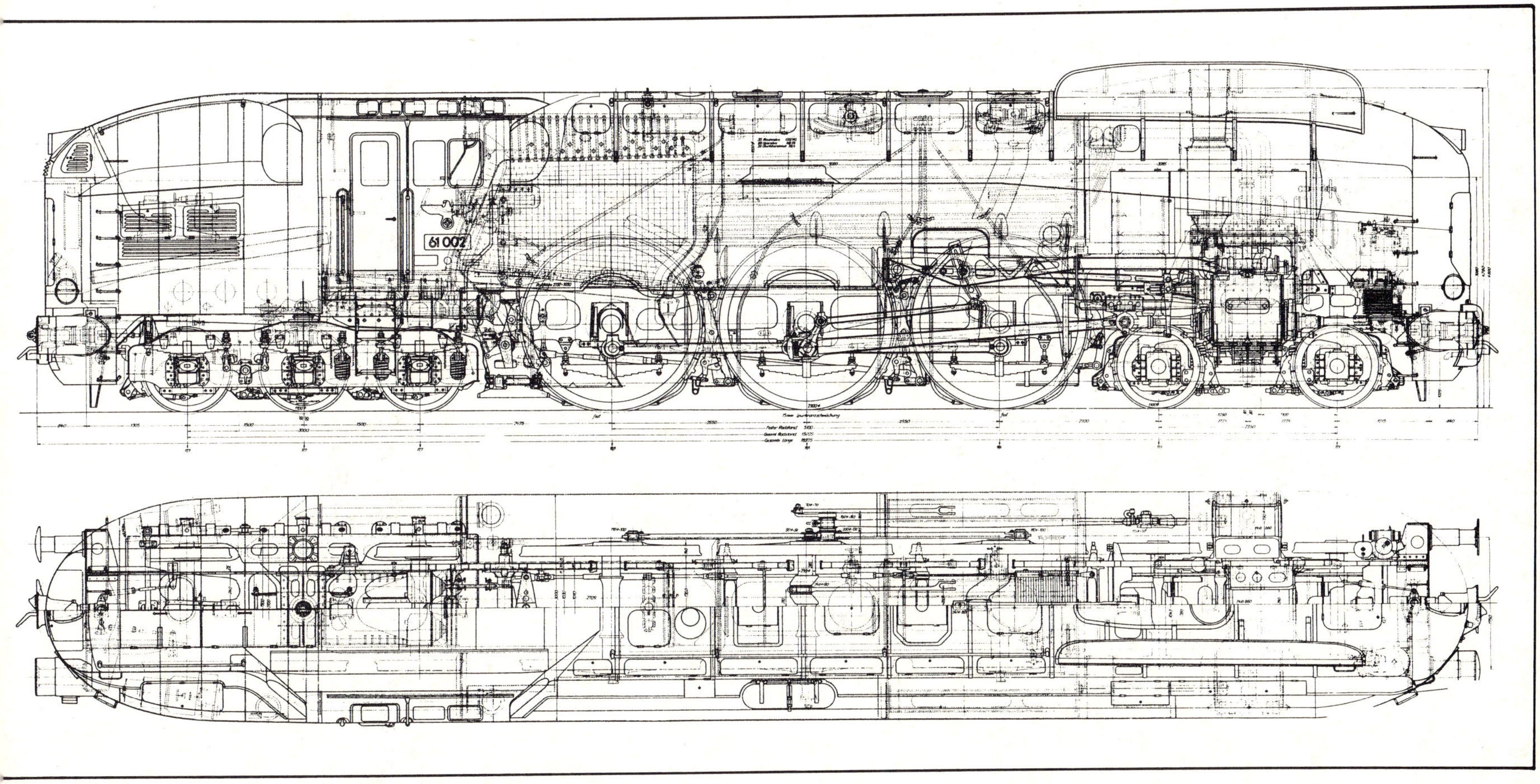
61 002

20.)
Baureihe 62
Bauart 2′C2′ h2
Gattung Pt 37.20

Die Baureihe 62 soll für den Schnellzugdienst zwischen Kopfbahnhöfen entwickelt worden sein. Ihr Haupteinsatzgebiet fand sie jedoch im schweren Personenzugdienst des Hügellandes. Entwicklungsgeschichtlich besteht ihre Bedeutung darin, daß sie als Schwestertype zu einer geplanten Reihe 20 (2′C h2), der Ersatz-P 8, auf die Gleise gestellt wurde, als die preußische P 8 noch nicht zur Erneuerung anstand.

Lok-Nr.	Lieferfirma	Baujahr/F.-Nr.	Bemerkungen
62 001—002	Henschel	1928/20 844—20 845	
003—015	Henschel	1929/20 846—20 858	

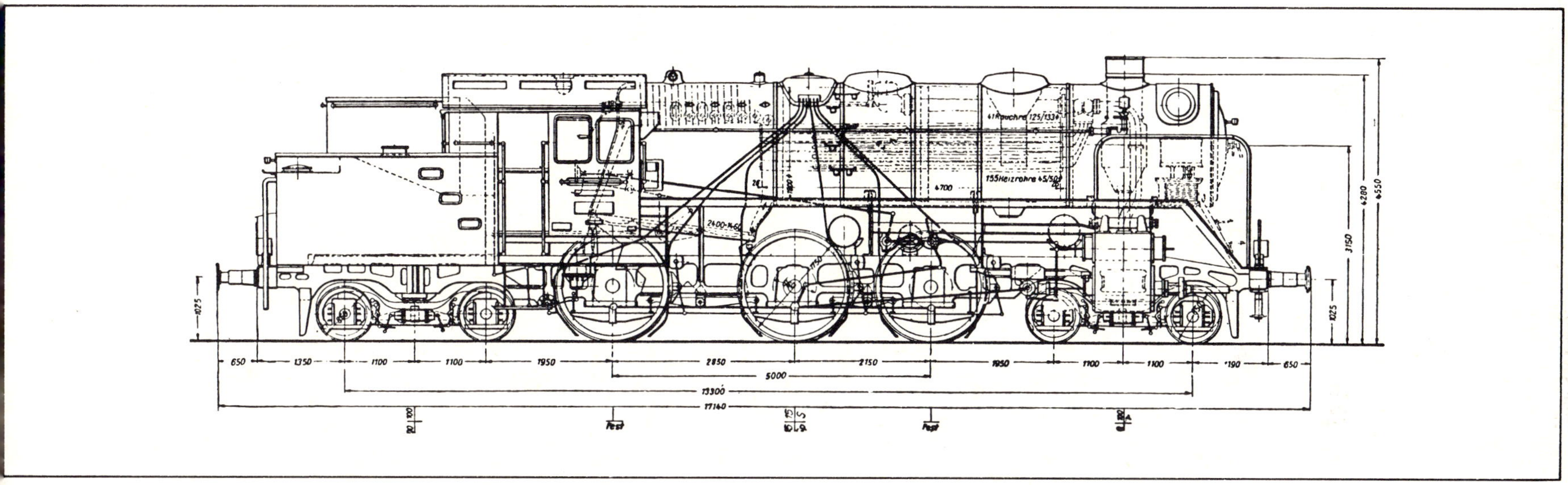

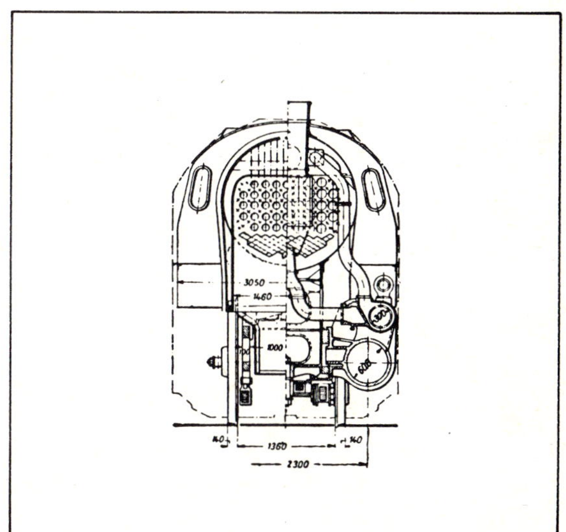

Links und oben: Einheitslokomotive der Baureihe 62, Achsfolge 2′C2′ h2. Die Maschine 62 001 wurde 1928 unter der Fabrik-Nr. 20 844 von Henschel geliefert. Schwere Personenzug-Tenderlok für kürzere Strecken.

Darunter und rechts: Skizzen der Baureihe 62.

21.) Baureihe 64 Bauart 1'C1' h2 Gattung Pt 35.15

Mit der Reihe 64 sollte der Verkehr auf den Nebenbahnen beschleunigt und vermehrt werden. In weitgehender Übereinstimmung mit der Reihe 24 entwickelt, wurde die 64 bald zu hunderten aufgelegt. Versuche von 1935, die Höchstgeschwindigkeit auf 100 km/h anzuheben, befriedigten nicht, so daß ab 1936 wieder die normale Bremsausrüstung eingebaut wurde. Die Variante mit Krauss-Helmholtz-Gestell besaß keinen festen Achsstand mehr, sondern wurde im Gleis über den Drehzapfenabstand geführt.

Lok-Nr.	Lieferfirma	Baujahr/F.-Nr.	Bemerkungen
64 001—007	Borsig	1928/11 957—11 963	Bis 64 383 ohne Laufradbremse
008—018	Hanomag	1928/10 501—10 511	
019—026	Henschel	1928/20 731—20 738	
027—032	AEG	1928/ 3 486— 3 491	
033—040	Krupp	1928/ 962— 969	
041—043	Henschel	1928/20 903—20 905	
044—063	Union	1928/ 2 803— 2 822	
064—078	Vulkan	1928/ 3 995— 4 009	
079—088	Wolff-Hagans	1928/ 1 235— 1 244	
089—100	Humboldt	1928/ 1 816— 1 827	
101—112	Jung	1928/ 4 056— 4 067	
113—118	Schichau	1928/ 3 160— 3 165	
119—131	LHW, Breslau	1928/ 3 086— 3 098	War bei Hanomag bestellt
132—141	Orenstein	1928/11 421—11 430	
142—151	Krupp	1928/ 991— 1 000	
152—159	Eßlingen	1928/ 4 193— 4 200	
160—161	Orenstein	1928/11 583—11 584	
162—165	Humboldt	1928/ 1 828— 1 831	
166—168	Jung	1928/ 4 086— 4 088	
169—170	Krupp	1928/ 1 041— 1 042	
171—176	Schichau	1928/ 3 166— 3 171	
177—181	Union	1928/ 2 823— 2 827	
182—186	Vulkan	1928/ 4 010— 4 014	
187—188	Wolff-Hagans	1928/ 1 245— 1 246	
189—190	Eßlingen	1928/ 4 216— 4 217	
191	Eßlingen	1928/ 4 223	
192—197	Borsig	1928/12 078—12 083	
198—202	Humboldt	1928/ 1 832— 1 836	
203—204	Jung	1928/ 4 130— 4 131	
205—209	Union	1928/ 2 828— 2 832	
210—212	Vulkan	1928/ 4 015— 4 017	
213—214	Wolff-Hangans	1928/ 1 250— 1 251	
215—224	Union	1929/ 2 833— 2 842	
225—232	Hanomag	1930/10 618—10 625	
233—234	Hanomag	1930/10 704—10 705	Friedmann-Abdampfinj.
235—238	Orenstein	1932/12 381—12 384	
239—242	Jung	1032/ 5 086— 5 089	
243—257	Henschel	1933/22 171—22 185	Friedmann-Abdampfinj.
258—262	Henschel	1933/22 186—22 190	
263—272	Krupp	1933/ 1 279— 1 288	
273—277	Orenstein	1933/12 410—12 414	Friedmann-Abdampfinj.
278—282	Jung	1933/ 5 095— 5 099	Friedmann-Abdampfinj.
283—292	Krupp	1933/ 1 292— 1 301	
293	Eßlingen	1933/ 4 284	Ventilsteuerung
294	Eßlingen	1933/ 4 247	
295—296	Eßlingen	1033/ 4 249— 4 250	
297—298	Eßlingen	1934/ 4 251— 4 252	
299—323	Krupp	1934/ 1 302— 1 326	
324—328	Jung	1934/ 5 510— 5 514	
329—333	Orenstein	1934/12 460—12 464	
334—343	Krauss-Maffei	1933/15 486—15 495	
344—346	Krauss-Maffei	1934/15 501—15 503	

(weiter auf Seite 119)

Oben: Einheitslokomotive der Baureihe 64, erstmals gebaut 1927. Achsfolge 1'C1' h2. Die Maschine 64 020 wurde 1927 unter der Fabrik-Nr. 20 732 von Henschel gebaut. Leichte Nebenbahn-Tenderlok, Ursprungsausführung.

Unten: Die Maschine 64 135 wurde 1927 unter der Fabrik-Nr. 11 424 von Orenstein & Koppel geliefert.

Oben: Die Maschine 64 243 wurde 1933 unter der Fabrik-Nr. 22 171 von Henschel geliefert. Sonderbauart der Nebenbahn-Tenderlok mit Friedmann-Abdampfinjektor.

Unten: Die Maschine 64 388 wurde 1935 unter der Fabrik-Nr. 15 578 von Krauss-Maffei geliefert. Leichte Nebenbahn-Tenderlok, besondere Ausführung mit Scheren- und Laufradbremse. „Heimstofflok" mit Ersatzbaustoffen.

(Fortsetzung Tabelle Baureihe 64)

Lok-Nr.	Lieferfirma	Baujahr/F.-Nr.	Bemerkungen
64 347—349	Eßlingen	1934/ 4 253— 4 255	
350—354	Jung	1934/ 5 564— 5 568	
355—356	Krauss-Maffei	1934/15 504—15 505	
357—363	Krauss-Maffei	1935/15 520—15 526	
364—372	Jung	1935/ 5 586— 5 594	
373—383	Krauss-Maffei	1935/15 532—15 542	
384—391	Krauss-Maffei	1935/15 574—15 581	Ab 64 384—421 Scherenbremse u. Laufradbremse
392—396	Eßlingen	1935/ 4 305— 4 309	
397—401	Orenstein	1935/12 732—12 736	
402—409	Jung	1935/ 6 254— 6 261	
410—415	Jung	1935/ 7 001— 7 006	
416—418	Orenstein	1935/12 811—12 813	
419—421	Eßlingen	1936/ 4 312— 4 314	
422—428	Krauss-Maffei	1936/15 594—15 600	Ab 64 422 einf. Kuppelradbremse u. Laufradbremse
429—437	Krauss-Maffei	1937/15 612—15 620	
438—444	Jung	1937/ 7 023— 7 029	
445—453	Krauss-Maffei	1938/15 624—15 632	
454—456	Jung	1938/ 7 241— 7 243	
457—459	Jung	1938/ 7 248— 7 250	
460—476	Jung	1939/ 8 661— 8 677	
477—493	Orenstein	1940/13 284—13 300	
494—510	Eßlingen	1940/ 4 382— 4 398	
511—520	Jung	1940/ 9 261— 9 270	Ab 64 511 Krauss-Helmholtz-Gestell
521—560	Jung	— / 9 271— 9 310	storniert
561—610	Orenstein	— / —	storniert

64 511 nicht an DR, sondern ab Werk an Brandenburgische Städtebahn, ab 1949 DR-Ost 64 6876
64 493 ab Werk an Elmshorn-Barmstedt-Oldesloer Eisenbahn Nr. 11

Esslinger Fabrik-Nummer 4387 aus dem Jahre 1940: Eine der letzten 64er für die Reichsbahn.

Oben: Die Maschine 64 293 wurde 1934 unter der Fabrik-Nr. 4284 von der Maschinenfabrik Esslingen geliefert. Sonderbauart der Nebenbahn-Tenderlok mit Günther-Ventilsteuerung.

Unten: Skizzen der Einheitslok-Baureihe 64 in der Ursprungsausführung.

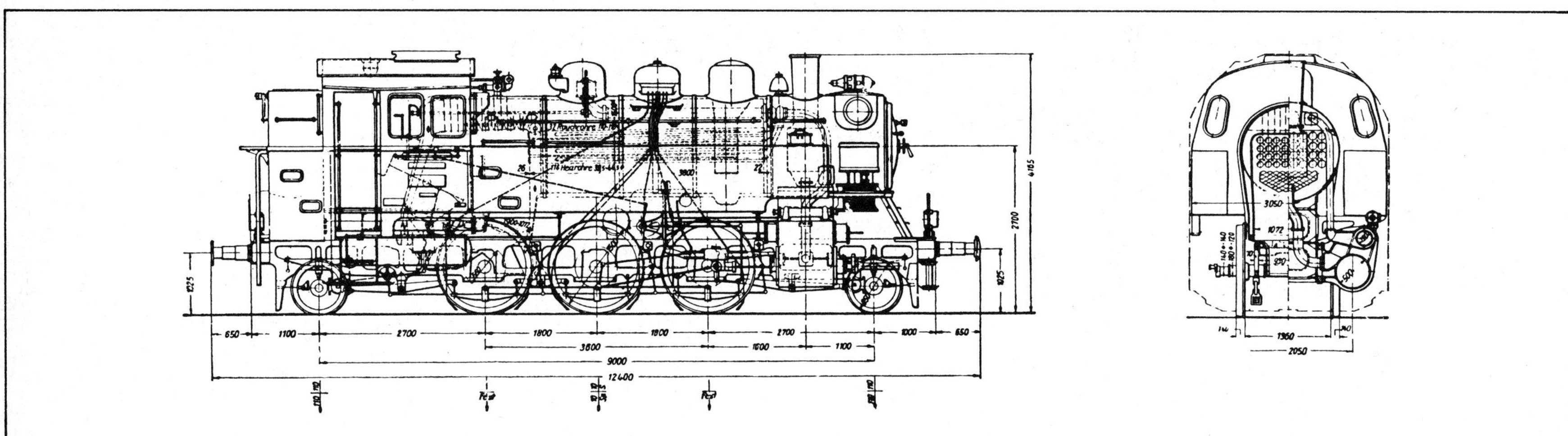

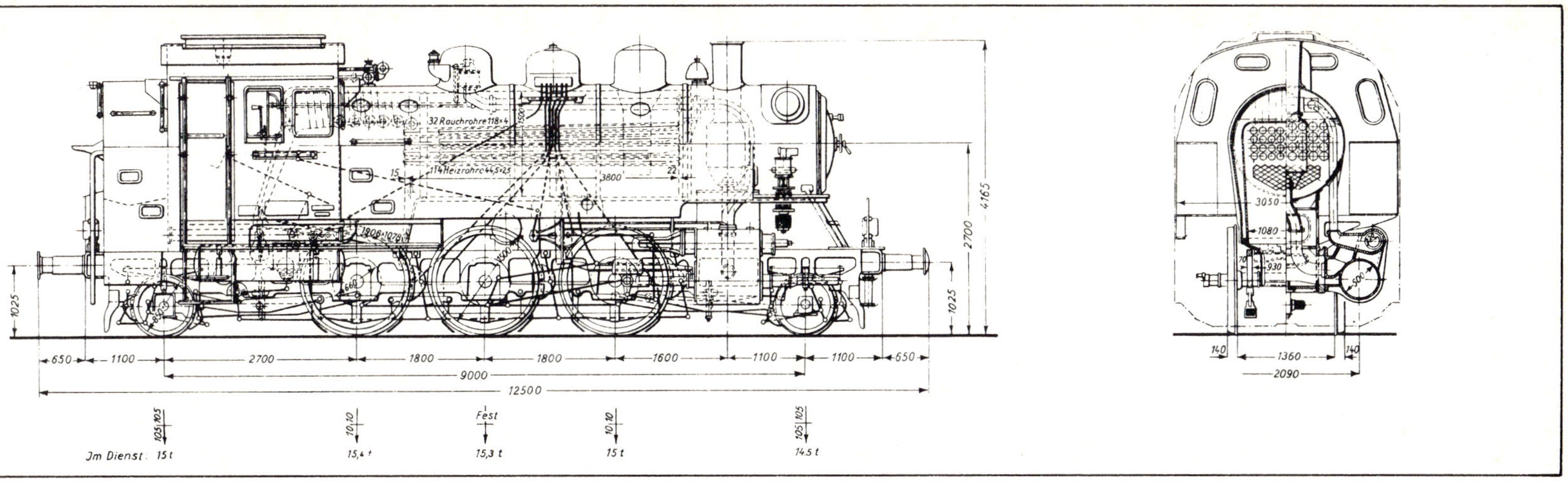

Dben: Nur die letzten zehn Einheitsloks der Reihe 64 wurden mit Krauss-Helmholtz-Gestellen ausgerüstet. Hier die Skizzen dieser Ausführung.

Jnten: Die Maschine 64 512 wurde 1940 unter der Fabrik-Nr. 9262 von Jung geliefert. Letzte Serie der Nebenbahnlok mit Krauss-Helmholtz-Lenkgestellen. „Heimstoff-ok“. Geschweißte Wasserkästen.

22.)
Baureihe 71
Bauart 1'B1' h2
Gattung Pt 24.15

Mit der Baureihe 71 beabsichtigte man, anknüpfend an die badischen Ig-Lokomotiven, einen Triebwagen-Ersatzverkehr und einen Leichtverkehr mit kurzen Güterzügen einzurichten. Erstmals kamen ein geschweißter Blechrahmen, geschweißte Wasserkästen und sonstige Bauteile in Schweißkonstruktion zur Anwendung; gleichfalls neu war der Kesseldruck von 20 kg/cm². Eine mechanische Rostbeschickung war zur Vorbereitung von Einmannbetrieb eingebaut, deswegen auch das Geländer an der Lok 71 003.

Lok-Nr.	**Lieferfirma**	**Baujahr/F.-Nr.**	**Bemerkungen**
71 001—002	Schwartzkopff	1934/10 261—10 262	Treibrad ∅ 1500 mm
003—004	Borsig	1936/14 581—14 582	Treibrad ∅ 1600 mm
005—006	Krupp	1936/ 1 489— 1 490	Treibrad ∅ 1600 mm

Unten: Einheitslokomotive der Baureihe 71, Achsfolge 1'B1' h2. Die Maschine 71 001 wurde 1934 unter der Fabrik-Nr. 10 261 von Schwartzkopff geliefert. Leichte Nebenbahnlok für den Triebwagen-Ersatzverkehr.

Oben: Die Maschine 71 003 wurde 1936 unter der Fabrik-Nr. 14 581 von AEG-Borsig geliefert. Leichte Nebenbahnlok für den Triebwagen-Ersatzverkehr, 1600-mm-Treibräder.

Unten: Skizzen der Reihe 71 in der ersten Ausführung mit 1500-mm-Kuppelrädern.

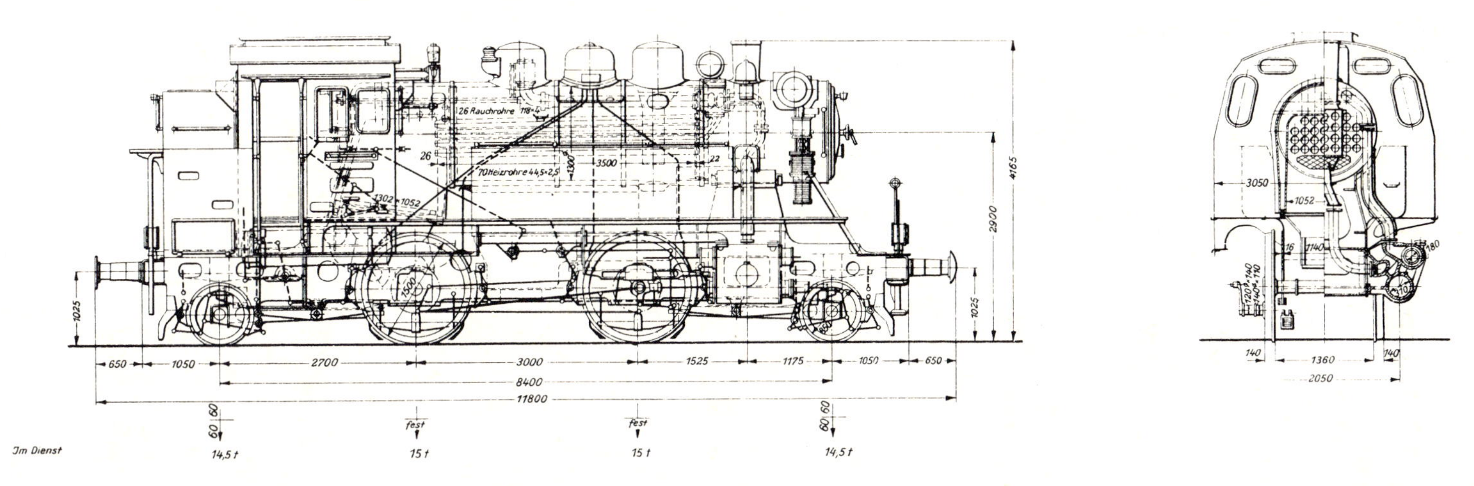

23.)
Baureihe 80
Bauart C h2
Gattung Gt 33.17

Für den Rangierdienst in großen Bahnhöfen (Leipzig, Ulm, RBD Berlin) wurde dieser Dreikuppler der 17-t-Reihe entwickelt. Er führte erstmals in größerem Umfang den Heißdampfbetrieb auch im Verschub ein; dagegen wurde ein Vorwärmer nicht vorgesehen. Viele Teile sind mit den Reihen 81, 24, 64 und 86 vereinheitlicht.

Lok-Nr.	Lieferfirma	Baujahr/F.-Nr.	Bemerkungen
80 001—005	Hohenzollern	1928/4 561—4 565	
006—012	Union	1928/2 796—2 802	
013—017	Hagans/Wolff	1928/1 227—1 231	
018—022	Hohenzollern	1928/4 570—4 574	ursprünglich bei Humboldt bestellt
023—027	Jung	1928/3 862—3 866	
028—033	Hohenzollern	1928/4 627—4 632	
034—039	Hohenzollern	1928/4 645—4 650	

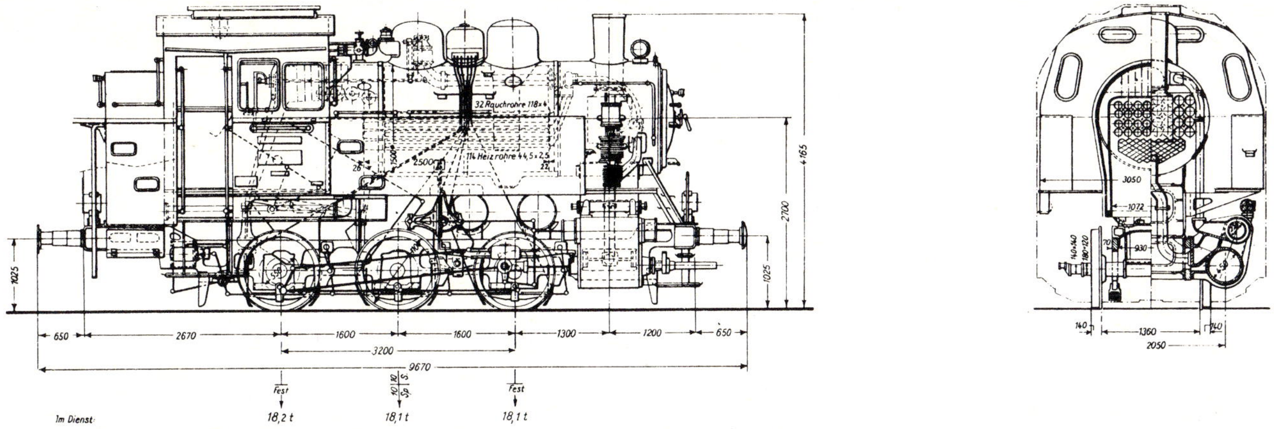

)ben: Skizzen der Rangierlok-Baureihe 80.

)arunter: Die Maschine 80 022 wurde 1927 unter der Fabrik-Nr. 4574 von Hohenzollern geliefert. Mittlere Verschiebelokomotive.

inks: Einheitslokomotive der Baureihe 80, erstmals gebaut 1927. Achsfolge C h2. Die Maschine 80 026 wurde 1927 unter der Fabrik-Nr. 3866 von Jung geliefert. Mittlere erschiebelokomotive.

24.)
Baureihe 81
Bauart D h2
Gattung Gt 44.17

Obwohl die Reichsbahn noch relativ junge Vierkuppler für den Rangierdienst besaß (pr. T 13, bad. X b), wurden auch zehn Loks der Reihe 81 gebaut und dem Bw Paderborn zugeteilt. Es ging wohl in erster Linie darum, den Typisierungsgedanken in der Praxis vorzustellen und eine „verlängerte 80er" auf die Schienen zu stellen.
Weitere Beschaffungen 1940 kamen nicht mehr zur Verwirklichung.

Lok-Nr.	Lieferfirma	Baujahr/F.-Nr.	Bemerkungen
81 001—010	Hanomag	1928/10 555—10 564	
011—040	Krupp	— /—	1940 storniert
041—070	Krupp	— / 2 322— 2 351	1940 storniert

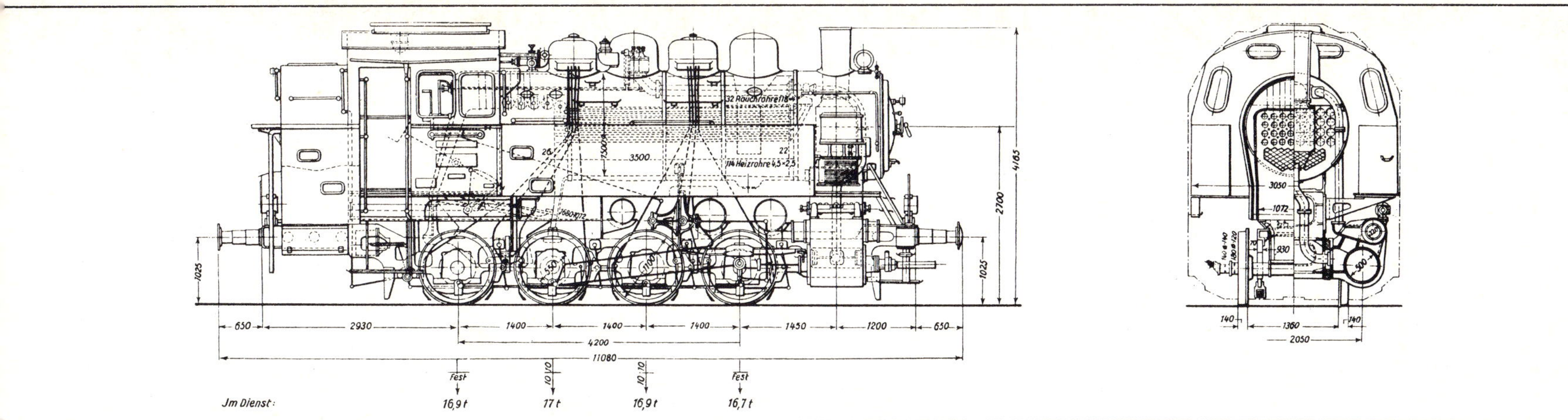

inks: Einheitslokomotive der aureihe 81, erstmals gebaut 928. Achsfolge D h2. Die Maschine 81 010 wurde 1928 unter er Fabrik-Nr. 10 564 von der anomag geliefert. Mittelschwere erschiebelokomotive.

ben: Skizzen der Baureihe 81. echts: Führerseite der Lokomove 84 004 mit Luttermöller-Endchsen. Siehe auch Seite 129.

25.)
Baureihe 84
Bauart 1′E1′ h2 und h3
Gattung Gt 57.18

Für die von Schmalspur auf Regelspur umzustellende Müglitztalbahn beschaffte die Reichsbahn zunächst vier Probelokomotiven der Reihe 84, die Bögen von 85 m Radius anstandslos durchfahren, zugleich aber auch auf der Hauptbahn bis Dresden mit hohem Tempo weiterlaufen sollten. Unter den Probeloks mit Schwartzkopff-Eckhardt-Gestell und Luttermöller-Antrieb setzte sich die erstgenannte Type durch, so daß in dieser Bauart die Serie beschafft wurde. Später stellte sich heraus, daß die Strecke auch von der Reihe 86 befahren werden konnte.

Lok-Nr.	Lieferfirma	Baujahr/F.-Nr.	Bemerkungen
84 001—002	Schwartzkopff	1935/10 452—10 453	h3
003—004	Grenstein	1934/12 660—12 661	h2
005—012	Schwartzkopff	1937/10 656—10 663	h3

Rechte Seite oben: Einheitslokomotive der Baureihe 84, Achsfolge 1′E1′ h3. Die Maschine 84 001 wurde 1935 unter der Fabrik-Nr. 10 452 von Schwartzkopff geliefer Sonderausführung für krümmungsreiche Steigungsstrecken mit Schwartzkopff-Eckhardt-Lenkgestellen.

Darunter: Die Maschine 84 004 wurde 1935 unter der Fabrik-Nr. 12 661 von Orenstein & Koppel geliefert. Sonderausführung für krümmungsreiche Steigungsstrecke mit zahnradgekuppelten Endradsätzen nach Luttermöller.

Unten: Skizzen der Baureihe 84 mit Schwartzkopff-Eckhardt-Lenkgestellen.

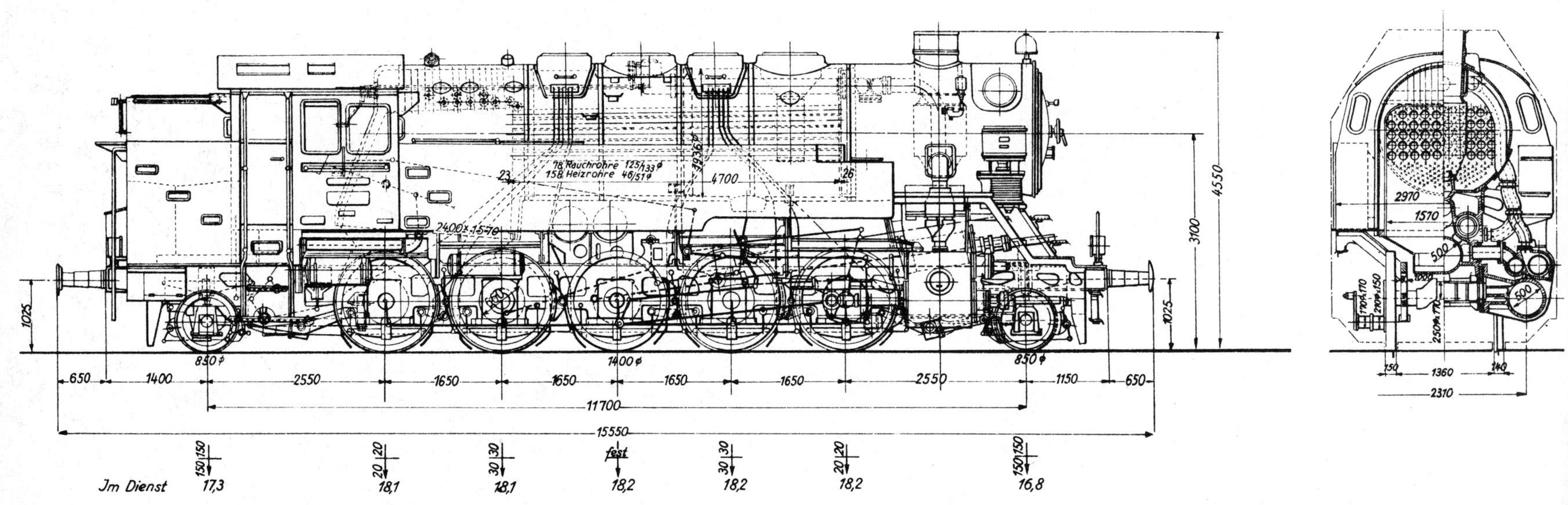

Deutsche Reichsbahn
84 001

84 004
Deutsche Reichsbahn
84 004

26.)
Baureihe 85
Bauart 1'E1' h3
Gattung Gt 57.20

Eine schwere 1E1-Tenderlok, sozusagen die vereinheitlichte T 20, stand schon seit 1922 auf dem Programm der Einheitsloks. Ihre Beschaffung wurde jedoch erst 1931/32 in Angriff genommen, als die badische Höllental- und Dreiseenbahn auf Reibungsbetrieb umgestellt werden sollte. Die Loks blieben stets im Schwarzwald; erst nach der Einführung des normalen Stromsystems dort wurde eine Lok nach Erkrath – Hochdahl umgesetzt.

Lok-Nr.	**Lieferfirma**	**Baujahr/F.-Nr.**	**Bemerkungen**
85 001—007	Henschel	1932/22 110—22 116	
008—010	Henschel	1932/22 142—22 144	

Linke Seite und oben: Einheitslokomotive der Baureihe 85, erstmals gebaut 1932. Achsfolge 1′E1′ h3. Die Maschine 85 004 wurde 1932 unter der Fabrik-Nr. 22 113 von Henschel geliefert. Schwere Tenderlokomotive für Steilstrecken.

Unten: Skizzen der Baureihe 85 für die Höllentalbahn.

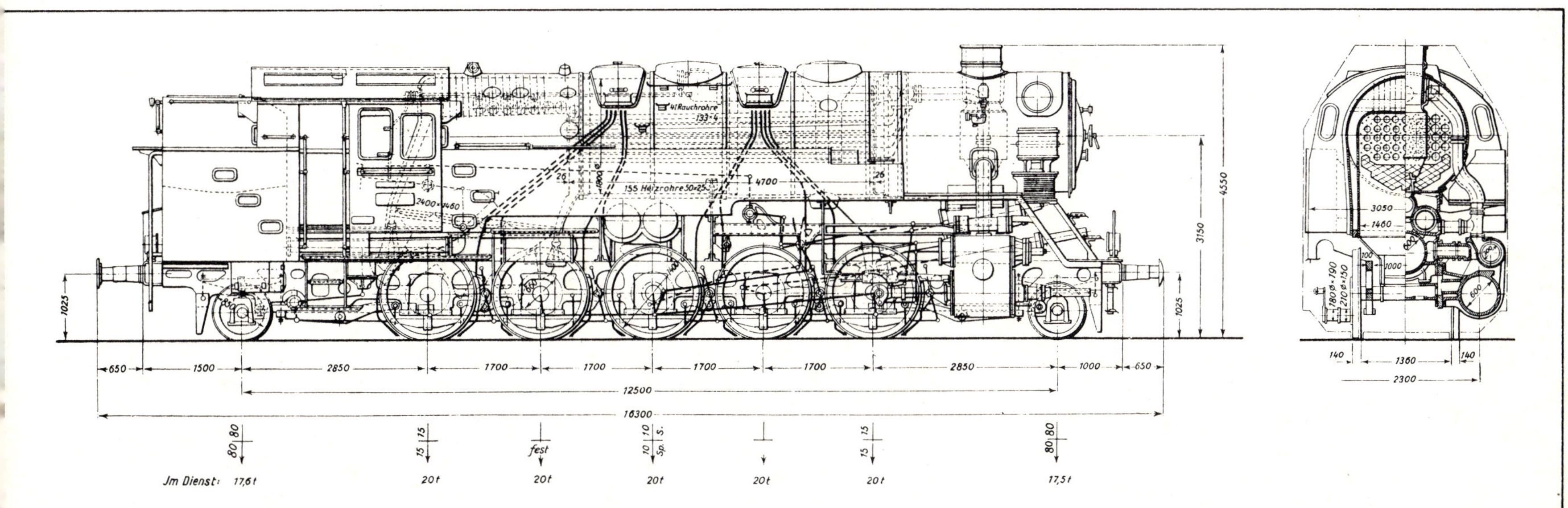

27.)
Baureihe 86
Bauart 1'D1' h2
Gattung Gt 46.15

Die Reihe 86 war für schwere Nebenbahnzüge und für Steilstrecken gedacht, daher auch die Anfangslieferung mit Gegendruckbremse. Im Lauf der Zeit wurden – wie bei der Reihe 64 – Anstalten zur Steigerung der Höchstgeschwindigkeit auf 100 km/h getroffen, bald aber wieder aufgegeben. Zur Verbesserung des Bogenlaufes wurde das Krauss-Helmholtz-Gestell eingeführt. Seit 1941 wurde die Reihe 86 als einzige Tenderlok – neben den Reihen 44 und 50 – gebaut.

Lok-Nr.	Lieferfirma	Baujahr/F.-Nr.	Bemerkungen
86 001—007	Karlsruhe	1928/ 2 356— 2 362	Mit Gegendruckbremse
008—012	LHW, Breslau	1928/ 3 099— 3 103	Mit Gegendruckbremse
013—015	Karlsruhe	1928/ 2 363— 2 365	Mit Gegendruckbremse
016	Karlsruhe	1928/ 2 369	Mit Gegendruckbremse
017—026	Schichau	1930/ 3 182— 3 191	
027—033	Krupp	1931/ 1 230— 1 236	
034—045	Schichau	1931/ 3 211— 3 222	
046—047	Eßlingen	1931/ 4 236— 4 237	
048—060	Borsig	1932/14 420—14 432	
061—065	Henschel	1932/22 095—22 099	
066—075	Krupp	1932/ 1 251— 1 260	
076—087	Schichau	1932/ 3 223— 3 234	
088—096	Schwartzkopff	1932/10 110—10 118	
097—098	Eßlingen	1932/ 4 241— 4 242	
099—105	Schwartzkopff	1933/10 135—10 141	Friedmann-Abdampfinjektor
106—117	Schichau	1933/ 3 235— 3 246	
118—126	Borsig	1933/14 436—14 444	
127—130	Eßlingen	1933/ 4 243— 4 246	
131	Schwartzkopff	1933/10 087	
132	Schichau	1933/ 3 247	
133—137	Schichau	1934/ 3 248— 3 252	
138—148	Schichau	1933/ 3 253— 3 263	
149—158	Borsig	1934/14 477—14 486	
159—182	Henschel	1934/22 238—22 261	
183—192	Henschel	1934/22 449—22 458	
193—195	Schichau	1934/ 3 264— 3 266	
196—198	Orenstein	1934/12 500—12 502	
199—204	Henschel	1934/22 476—22 481	
205—210	Borsig	1934/14 536—14 541	
211—214	Schichau	1934/ 3 267— 3 270	
215—223	Schichau	1935/ 3 271— 3 279	
224—226	Orenstein	1935/12 561—12 563	
227—229	Eßlingen	1935/ 4 276— 4 278	
230—233	Eßlingen	1935/ 4 282— 4 285	
234—247	Schichau	1935/ 3 280— 3 293	
248—251	Orenstein	1935/12 632—12 635	
252—259	Henschel	1936/22 935—22 942	
260—270	Schichau	1936/ 3 295— 3 305	
271—281	Schichau	1937/ 3 306— 3 316	
282—285	Orenstein	1937/12 911—12 914	
286—289	Eßlingen	1938/ 4 318— 4 321	
290—292	Schichau	1938/ 3 330— 3 332	
293—296	Orenstein	1938/12 961—12 964	
297—300	Eßlingen	1938/ 4 324— 4 327	
301—335	WLF Floridsdorf	1939/ 3 179— 3 213	
336—377	WLF Floridsdorf	1939/ 3 239— 3 280	
378—427	WLF Floridsdorf	1941/ 9 221— 9 270	
428—455	WLF Floridsdorf	1941/ 9 456— 9 483	
456—487	DWM, Posen	1941/ 441— 472	ÜK

(weiter auf Seite 135)

Oben: Einheitslokomotive der Baureihe 86, erstmals gebaut 1928. Achsfolge 1'D1' h2. Die Maschine 86 004 (noch ohne Schilder) wurde 1928 unter der Fabrik-Nr. 2359 von der Maschinenbaugesellschaft Karlsruhe geliefert. Mittlere Nebenbahn-Tenderlok, Ursprungsausführung mit Gegendruckbremse.

Unten: Die Maschine 86 029 wurde 1931 unter der Fabrik-Nr. 1232 von Krupp geliefert. Serienausführung der mittleren Nebenbahn-Tenderlok.

Rechte Seite: Skizzen der Reihe 86 in der älteren Ausführung mit Bisselachsen.

Unten: Die Maschine 86 090 wurde 1932 unter der Fabrik-Nr. 10 112 von Schwartzkopff geliefert. Serienausführung der mittleren Nebenbahn-Tenderlok.

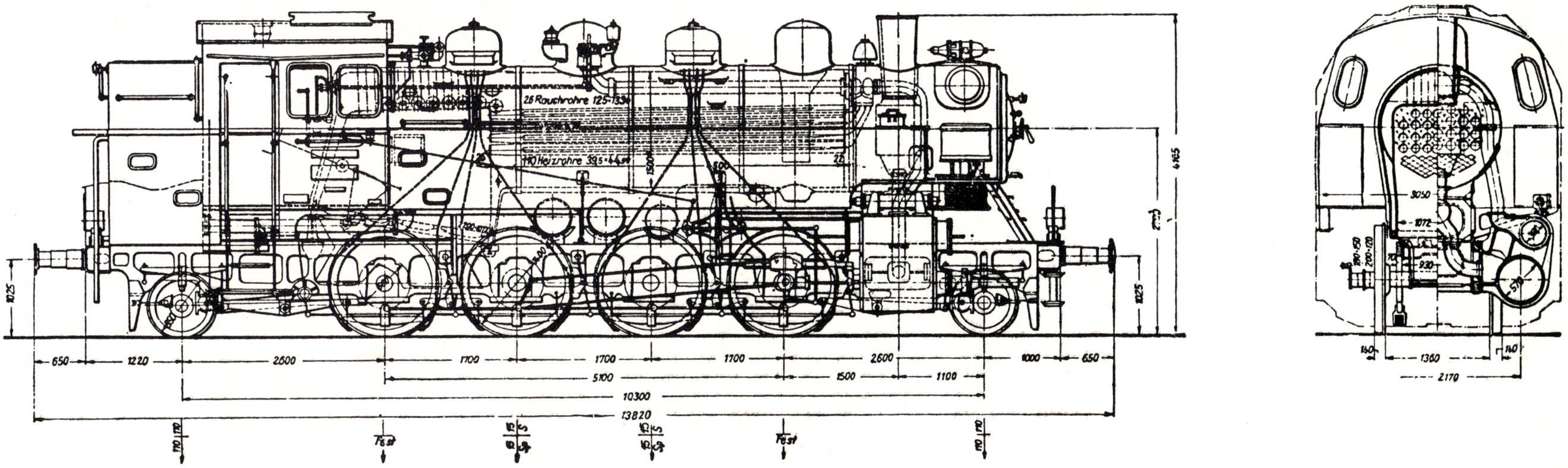

(Fortsetzung Tabelle Baureihe 86)

Lok-Nr.	Lieferfirma	Baujahr/F.-Nr.	Bemerkungen
86 488—527	Henschel	1942/26 707—26 746	
528—543	Krupp	1942/ 2 713— 2 728	ÜK
544—561	Orenstein	1942/13 721—13 738	
562—565	Schwartzkopff	1942/11 790—11 793	
566—571	Schwartzkopff	1942/11 888—11 893	
572—590	Schwartzkopff	1942/11 894—11 912	
591	Schwartzkopff	1942/11 913	
592—593	Schichau	— / 3 575— 3 576	storniert
594—605	Schichau	— / 3 613— 3 624	storniert
606—627	Borsig	1942/15 279—15 300	
628—697	Henschel	—	storniert
698—725	Krupp	1942/ 2 849— 2 876	
726—753	Orenstein	1942/13 741—13 768	
754—780	Schwartzkopff	1942/11 994—12 020	
781—816	WLF Floridsdorf	1942/ 9 501— 9 536	
817	WLF Floridsdorf	1942/ 9 333	ab Werk an Bentheimer Eisenbahn geliefert
818—834	Warschau	— / 808— 825	storniert
835—875	DWM, Posen	1943/ 473— 513	
876—965	Henschel	— /27 011—27 100	storniert
966—999	Krupp	— / 2 807— 2 840	storniert
1000	Schwartzkopff	1938/10 797	gebaut für Eutin-Lübecker Eisenbahn

86 293—296 und ab 86 336 hatten Krauss-Helmholtz-Lenkgestelle, die anderen Lokomotiven Bisselgestelle.
86 491 und andere dieses Loses erhielten an Stelle des üblichen glatten Schlotes einen solchen mit Krone.

Oben: Die linke Fahrzeugseite der Maschine 86 090 von Schwartzkopff.

Rechts oben: Die Maschine 86 100 wurde 1933 unter der Fabrik-Nr. 10 136 von Schwartzkopff geliefert. Sonderbauart der mittleren Tenderlok mit Friedmann-Abdampfinjektor, daher kein Vorwärmer.

Rechts unten: Als 1942 die Lok 86 550 unter Fabrik-Nr. 13 727 von Orenstein & Koppel geliefert wurde, hieß die Firma bereits „Maschinenbau und Bahnbedarf AG". Geschweißte Wasserkästen.
(Foto: Archiv Bellingrodt)

Deutsche Reichsbahn
86 100

86 550

28.)
Baureihe 87
Bauart E h2
Gattung Gt 55.17

Für die Hamburger Bahnanlagen, besonders den Güterbahnhof Hamburg Süd, wurden die Rangierloks der Reihe 87 entwickelt. Der Kessel ist – bis auf die Rauchkammer – von der Reihe 86 übernommen. Das Fahrwerk ist wegen der engen Bögen mit zahnradgekuppelten Endradsätzen der Bauart Luttermöller ausgerüstet, die sich in den Schmalspurloks pr T 39 und T 40 bewährt hatte. Als Ersatz-Zahnräder fehlten, liefen die Loks auch mit nur drei oder vier angetriebenen Achsen.

Lok-Nr.	Lieferfirma	Baujahr/F.-Nr.	Bemerkungen
87 001—008	Orenstein	1927/11 231—11 238	
009—013	Orenstein	1928/11 411—11 415	
014—016	Orenstein	1928/11 551—11 553	

Unten und rechte Seite unten: Einheitslokomotive der Baureihe 87, erstmals gebaut 1927. Achsfolge E h2. Die Maschine 87 008 wurde 1927 unter der Fabrik-Nr. 11 23 von Orenstein & Koppel geliefert. Sonderbauart für enge Gleisbögen in Hafenanlagen, zahnradgekuppelte Endradsätze nach Luttermöller.

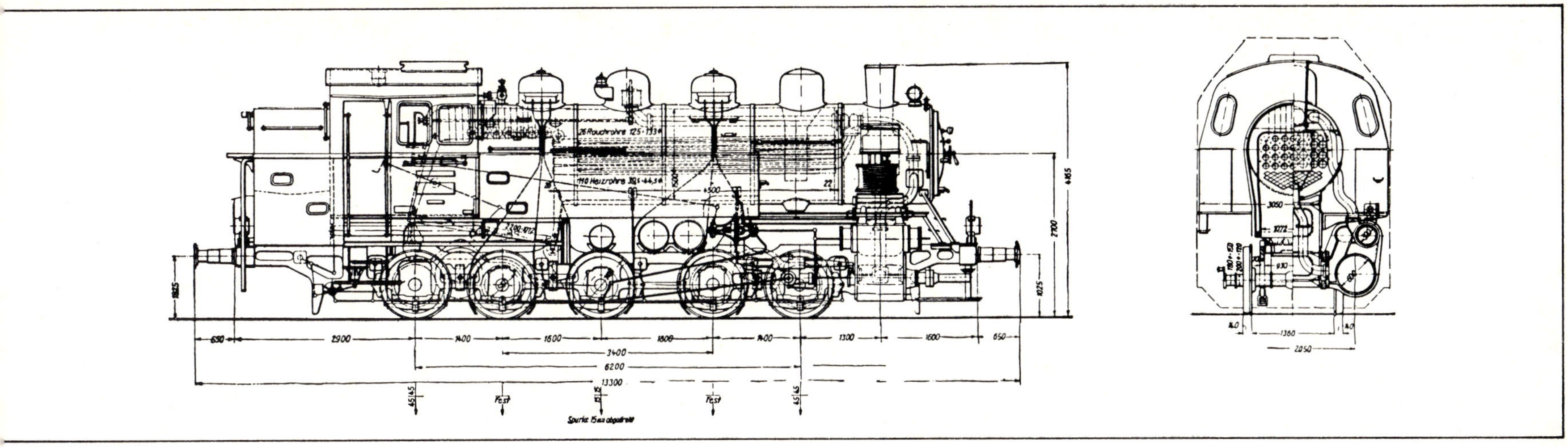

Oben: Skizzen der Baureihe 87 für den Hamburger Hafen.

29.)
Baureihe 89
Bauart C n2 und h2
Gattung Gt 33.15

Als Ersatz der preußischen T 3 und als Unterstufe zur schweren Reihe 80 wurde die Reihe 89 entwickelt. Lange Vergleichsversuche zwischen den Varianten mit Heiß- und Naßdampf sowie mit der Akku-Motor-Lok V 16 004 wurden im Bereich des Anhalter Bahnhofes in Berlin unternommen, ehe sich die Heißdampflok durchsetzte. Größere Beschaffungen unterblieben auch wegen des Kriegsbeginns.

Lok-Nr.	Lieferfirma	Baujahr/F.-Nr.	Bemerkungen
89 001—003	Schwartzkopff	1934/10 290—10 292	n2
004—006	Henschel	1934/22 357—22 359	h2
007—010	Henschel	1938/22 582—22 585	h2

Unten: Die Skizzen der Baureihe 89 in der Heißdampf-Ausführung.

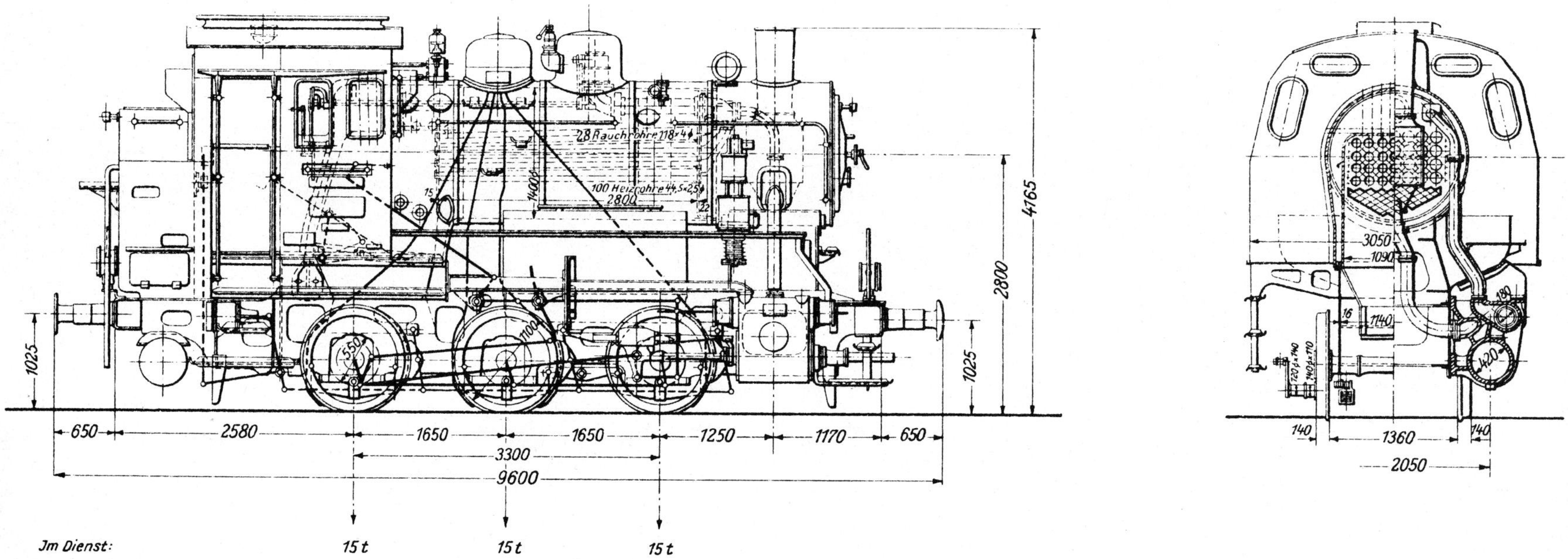

Oben: Einheitslokomotive der Baureihe 89, erstmals gebaut 1934. Achsfolge C n2. Die Maschine 89 002 wurde 1934 unter der Fabrik-Nr. 10 291 von Schwartzkopff geliefert. Leichte Verschiebelok.

Unten: Die Maschine 89 005 wurde 1934 unter der Fabrik-Nr. 22 358 von Henschel gebaut. Heißdampfausführung der leichten Verschiebelokomotive.

30.) *Schmalspur-Einheitslokomotiven*

Als wichtigste schmalspurige Einheitslok ist die Reihe 99^{73-76} zu nennen, die besonders für die sächsischen Strecken gedacht war. In Baugrundsätzen und Details ist sie an die 15-t-Reihe angelehnt. Gleiches gilt auch für die Meterspurtype 99^{22}, welche die stärkste Schmalspurlok der Reichsbahn war (Strecke Eisfeld – Schönbrunn, RBD Erfurt). Eine Sonderkonstruktion, wenn auch mit genormten Teilen, bildete die Reihe 99^{32} (Strecke Bad Doberan – Kühlungsborn, RBD Schwerin).

Lok-Nr.	Lieferfirma	Baujahr/F.-Nr.	Bemerkungen
99 221—223	Schwartzkopff	1931/ 9 920— 9 922	1000-mm-Spur
99 321—323	Orenstein	1932/12 400—12 402	900-mm-Spur
99 731—740	Hartmann	1928/ 4 678— 4 687	750-mm-Spur
741—743	Hartmann	1928/ 4 691— 4 693	
744—750	Schwartzkopff	1929/ 9 533— 9 539	
751—762	Schwartzkopff	1933/10 142—10 153	
763—765	Schwartzkopff	— /—	1933 storniert

Links: Schmalspur-Einheitslok 99 737, gebaut von Hartmann 1928 unter Fabrik-Nr. 4684. Bis 1933 wurden 35 Stück dieser Gattung gebaut.

Unten: Skizzen der Schmalspur-Einheitslokomotivreihe 99^{73}.

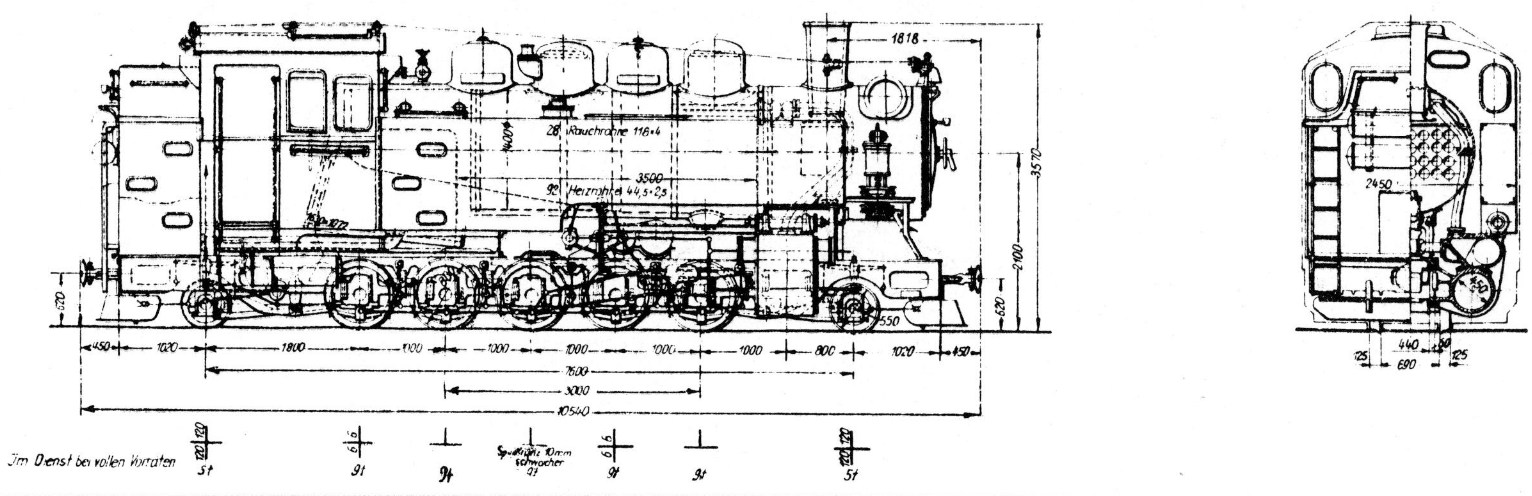

Nachdem die Firma Hartmann geschlossen hatte, lieferte Schwartzkopff die Reihe 99^{73-76} an die Reichsbahn. Bild der Lok 99 744 aus einer Anzeige.

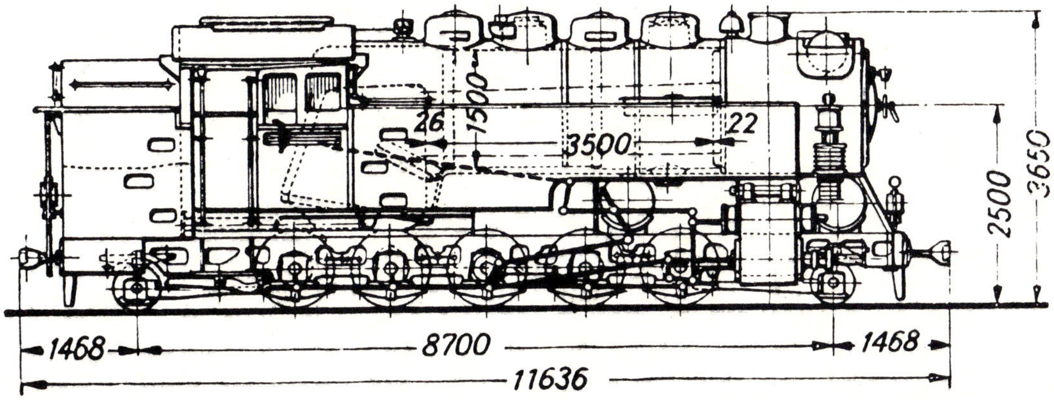

Maßskizze der „meterspurigen Einheitslokomotive", Reihe 99^{22}.

Mit vielen Einheitsteilen wurden die drei Loks 99 321 – 323 (900 mm Spurweite) im Jahre 1932 für die RBD Schwerin gebaut. Betriebsaufnahme 1966 in Kühlungsborn West. (Foto: Claus)

Anhang: Die Neubaudampflokomotiven der Deutschen Bundesbahn 1950–1959

Rechts: Neubaulokomotive der Baureihe 66, Achsfolge 1′C2′ h. Die Maschine 66 001 wurde 1956 unter der Fabrik-Nr. 28 923 von Henschel geliefert. Schnellfahrende Tenderlok der Bundesbahn für Haupt- und Nebenstrecken.

Rechte Seite: Neubaulokomotive der Baureihe 10, Achsfolge 2′C1′ h3. Die Maschine 10 001 wurde 1957 unter der Fabrik-Nr. 3351 von Krupp geliefert. Schwere Schnellzuglok der Bundesbahn, bei Indienststellung mit Ölzusatzfeuerung ausgerüstet. Später auf Ölfeuerung umgebaut.

31.)
Baureihe 10
Bauart 2'C1' h3
Gattung S 36.21

Mit der Baureihe 10, die zuerst als schwere 1C1-Schnellzuglok geplant war, stellte die Bundesbahn vorsorglich noch eine Dampflok für Dienste vor, in denen schon die Diesellok V 200 und die Ellok E 10 tätig waren. Beide Loks waren von 1958 bis 1962 beim Bw Bebra, sodann bis zur Ausmusterung 1967/68 beim Betriebswerk Kassel beheimatet.
Die Lokomotive 10 001 befindet sich im Dampflokmuseum Neuenmarkt-Wirsberg.

Lok-Nr.	Lieferfirma	Baujahr/F.-Nr.	Bemerkungen
10 001—002	Krupp	1957/ 3 351— 3 352	

001 mit Ölzusatzfeuerung, später in Hauptfeuerung umgebaut
002 mit Ölhauptfeuerung

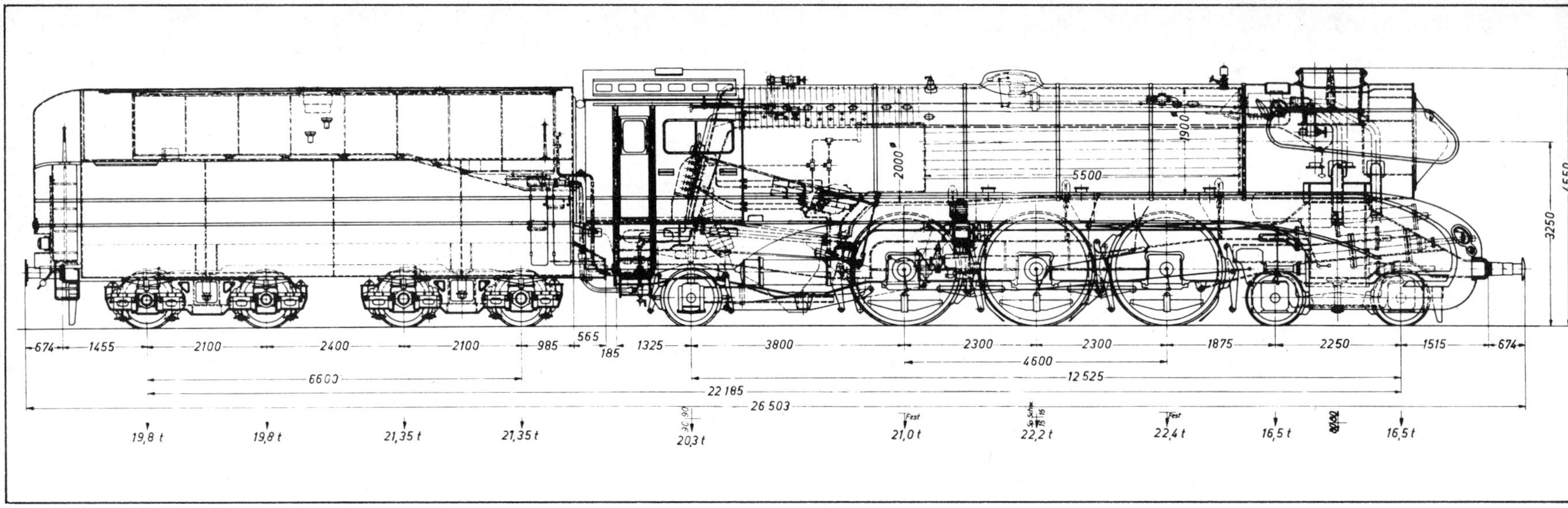

674
1455
2100
2400
2100
985
565
185
1325
3800
2300
2300
1875
2250
1515
674
4600
6600
12 525
22 185
26 503
19,8 t
19,8 t
21,35 t
21,35 t
20,3 t
21,0 t
22,2 t
22,4 t
16,5 t
16,5 t
5500
2000
1900
3250
4550

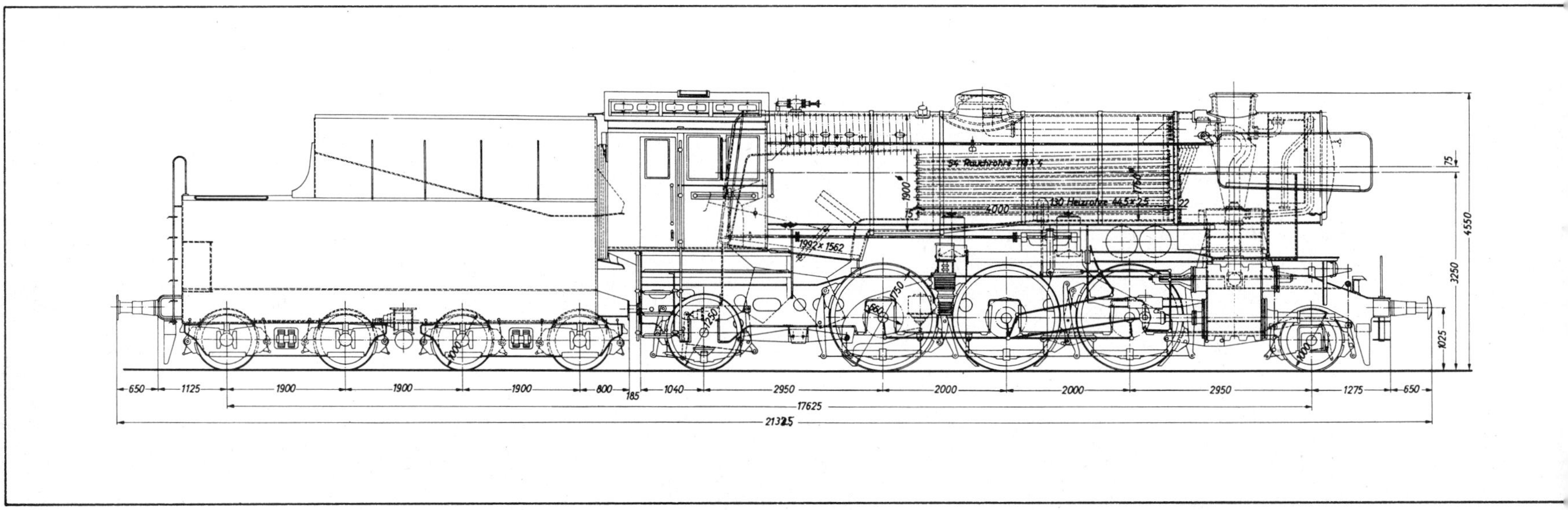

650
1125
1900
1900
1900
800
185
1040
2950
2000
2000
2950
1275
650
17625
21325
1992 x 1562
4000
1900
75
4550
3250
1025

23 001

.inke Seite: Skizzen der Neubaudampflokreihen 10
nd 23, darunter Neubaulokomotive der Baureihe 23,
chsfolge 1'C1 h2. Die Maschine 23 001 wurde 1950
nter der Fabrik-Nr. 28 611 von Henschel geliefert.
:rste Ausführung der Bundesbahn-Personenzuglok.

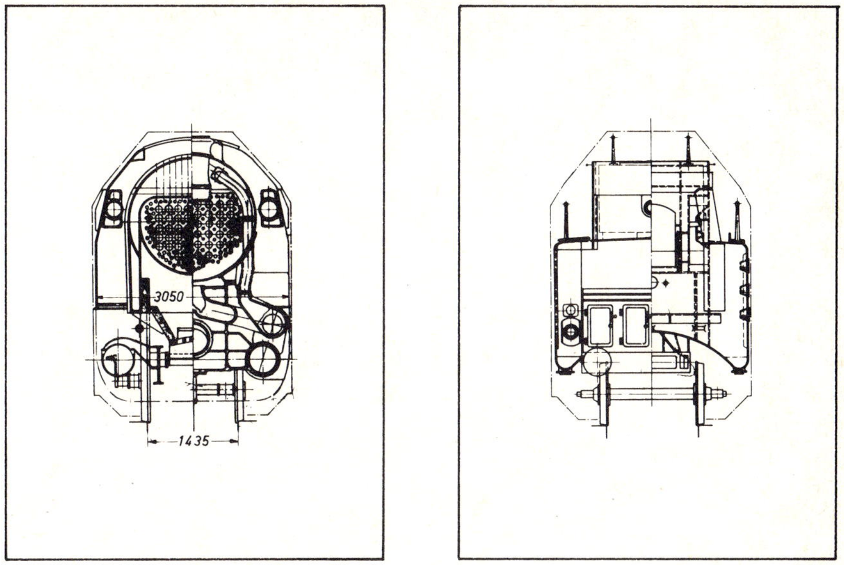

Rechts: Querschnittsskizzen der Neubaureihe 10.

32.)
Baureihe 23 (neu)
Bauart 1'C1' h2
Gattung P 35.17/19

Die „Ersatz-P 8" wurde erst von der Bundesbahn, nun mit Verbrennungskammerkessel und in weitgehend geschweißter Bauart, beschafft; trotzdem schieden die P 8 und die Reihe 23 fast gleichzeitig aus dem Betriebsbestand aus. Lokomotive 23 105 war 1959 die letzte von der DB beschaffte Dampflokomotive. Heute laufen Vertreterinnen dieser Baureihe bei Museumsbahnen in den Niederlanden.

Lok-Nr.	Lieferfirma	Baujahr/F.-Nr.	Bemerkungen
23 001—015	Henschel	1950/28 611—28 625	Erste Ausführung
016—023	Jung	1952/11 471—11 478	Normalausführung
024—025	Jung	1953/11 838—11 839	Mischvorwärmer, Rollenlager
026—029	Jung	1954/11 966—11 969	Normalausführung
030—043	Henschel	1954/28 530—28 543	Normalausführung
044—052	Krupp	1954/ 3 179— 3 187	Normalausführung
053—064	Krupp	1955/ 3 441— 3 452	Mischvorwärmer, Rollenlager
065—070	Jung	1955/12 131—12 136	Mischvorwärmer, Rollenlager
071—076	Jung	1956/12 506—12 511	Mischvorwärmer, Rollenlager
077—080	Eßlingen	1957/ 5 205— 5 208	Mischvorwärmer, Rollenlager
081—092	Jung	1957/12 751—12 762	Mischvorwärmer, Rollenlager
093—105	Jung	1959/13 101—13 113	Mischvorwärmer, Rollenlager

23 024 ausgerüstet mit Kylchap-Blasrohr

Ganz oben nochmals 23 001. Darunter die Maschine 23 033, im Jahre 1954 unter der Fabrik-Nr. 28 533 von Henschel geliefert. Normalausführung der Bundesbahn Personenzuglok. Die Lok 23 105 ist auf Seite 30 gezeigt.

Rechte Seite oben: Versuchslokomotive der Baureihe 50^{40}, erstmals gebaut 1954. Achsfolge 1'E h2. Die Maschine 50 1412 wurde 1941 in Regelbauart unter der Fabrik Nr. 9213 von der Wiener Lokfabrik geliefert und 1954 bei Henschel unter der Fabrik-Nr. 28 774 für die Bundesbahn mit Franco-Crosti-Kessel ausgerüstet. Später ir 50 4001 umgezeichnet. Darunter: Die Maschine 50 4024 wurde 1941 in Regelbauart als 50 1272 unter der Fabrik-Nr. 9810 von Jung geliefert und 1958 bei Henschel unte der Fabrik-Nr. 29 812 umgebaut. Kaminseite der Franco-Crosti-Lokomotive.

33.)
Baureihe 50^{40}
Bauart 1'E h2
Gattung G 56.15

Nach den Erfahrungen mit den beiden Loks der Reihe 42^{90} baute Henschel im Jahre 1954 für die Lok 50 1412 einen Franco-Crosti-Kessel, der nur noch eine Vorwärmertrommel unter dem verkleinerten Langkessel besaß. Aufgrund der positiven Erfahrungen wurden 1958/59 im AW Schwerte weitere 30 Loks mit von Henschel gelieferten Rauchgasvorwärmer-Kesseln ausgerüstet; die Tender erhielten Kohlenkastenabdeckungen. Lok 50 4011 erhielt eine Ölhauptfeuerung. Zum Umbau wurden auch Rahmen und Teile anderer Loks verwendet.

Die früheren Betriebsnummern von Loks der Reihe 50^{40}

50 4001	—	50 1412	50 4009	—	50 1434	50 4017	—	50 1319	50 4025	—	50 1885
4002	—	1887	4010	—	362	4018	—	216	4026	—	636
4003	—	1509	4011 (Öl)	—	1422	4019	—	3015	4027	—	1651
4004	—	044	4012	—	619	4020	—	1326	4028	—	2464
4005	—	2828	4013	—	379	4021	—	820	4029	—	980
4006	—	2814	4014	—	875	4022	—	097	4030	—	194
4007	—	346	4015	—	969	4023	—	942	4031	—	1781
4008	—	077	4016	—	2380	4024	—	1272			

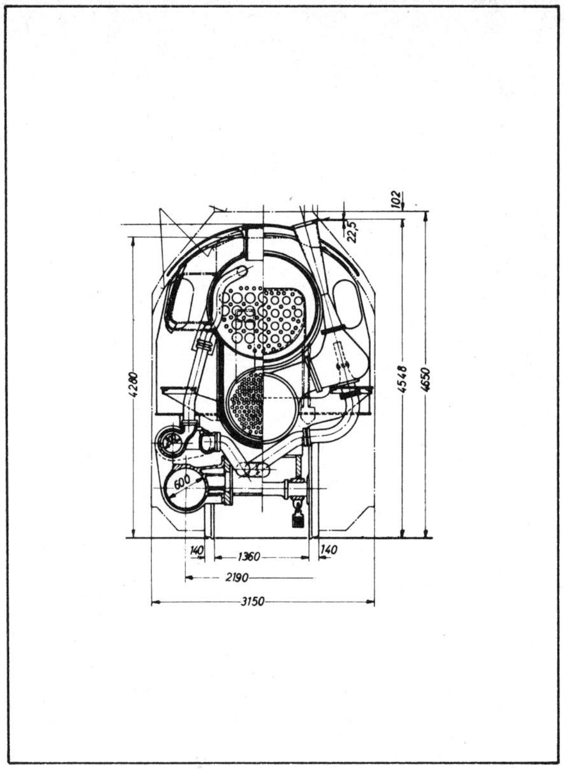

Oben links die Lokomotive 50 4011 mit der dicken Vorwärmertrommel unter dem Kessel. Daneben und darunter die Skizzen der Baureihe.

Rechte Seite: Einheitslokomotive der Baureihe 65, Achsfolge 1'D2' h2. Die Maschine 65 001 wurde 1951 unter der Fabrik-Nr. 17 661 von Krauss-Maffei geliefert. Darunter Lok 65 012 (Krauss-Maffei Nr. 17 672).

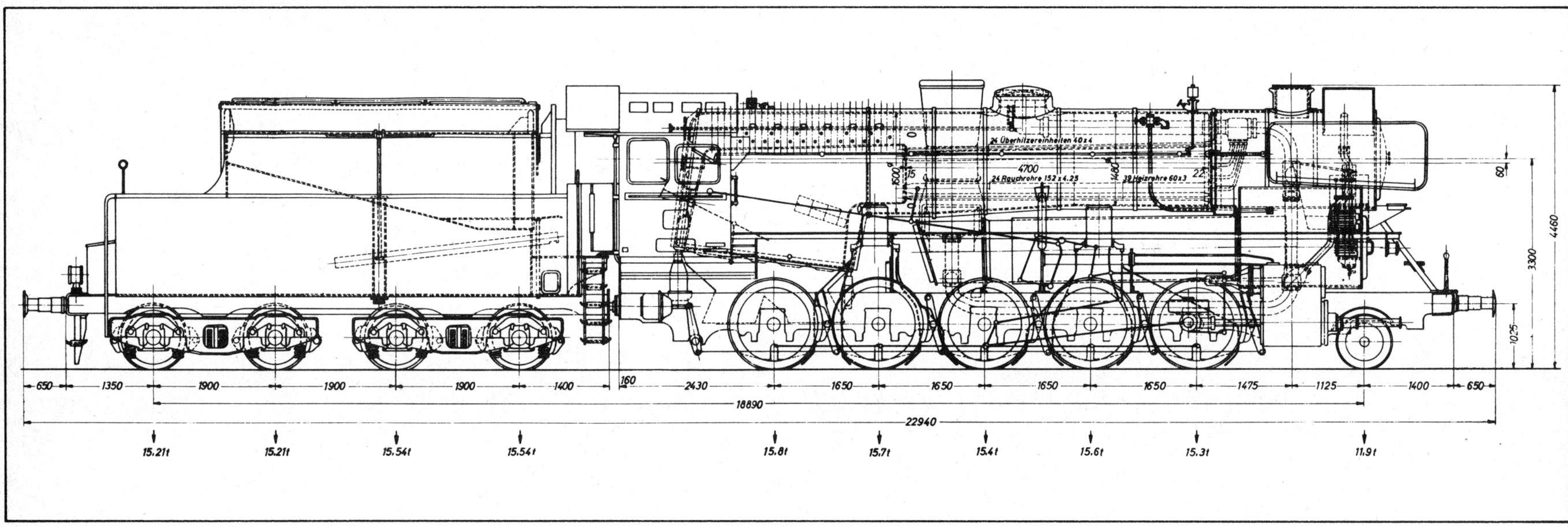

34.)
Baureihe 65
Bauart 1'D2' h2
Gattung Pt 47.17

Die Reihe 65 wurde nach dem Kriege als Mehrzwecklokomotive entworfen. Kessel und Rahmen wurden vollständig geschweißt. Hauptstützpunkte waren Essen und Darmstadt; ihre letzten Einsätze erlebte die Reihe im Betriebswerk Aschaffenburg.

Lok-Nr.	Lieferfirma	Baujahr/F.-Nr.	Bemerkungen
65 001—013	Krauss-Maffei	1951/17 661—17 673	Knorr-Vorwärmer
014—018	Krauss-Maffei	1956/17 893—17 897	Henschel-Mischvorwärmer

Die Maschine 65 012 wurde 1951 unter der Fabrik-Nr. 17 672 von Krauss-Maffei geliefert. Tenderlokomotive der Bundesbahn für gemischten Dienst.

Rechts: Skizzen der Bundesbahn-Dampflokreihe 65. Darunter: Die Maschine 65 018 wurde unter der Fabrik-Nr. 17 897 von Krauss-Maffei geliefert. Zweite Serie der Tenderlok für gemischten Dienst. Mischvorwärmer, Leichtbautriebwerk.

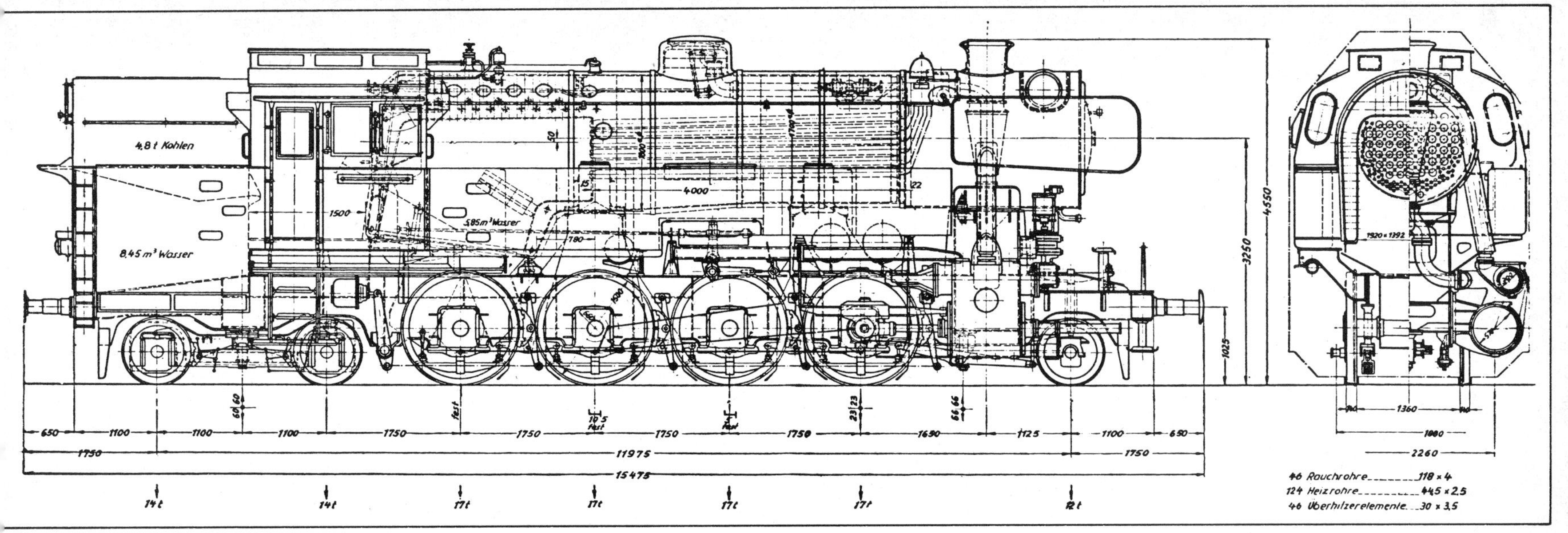
4,8 t Kohlen
8,45 m³ Wasser
5,85 m³ Wasser
1500
4000
3250
4550
1025
650
1100
1100
1100
1750
1750
1750
1750
1690
1125
1100
650
1750
11975
1750
15475
14t
14t
17t
17t
17t
17t
12t
1360
2260
46 Rauchrohre .... 118 x 4
124 Heizrohre .... 44,5 x 2,5
46 Überhitzerelemente ... 30 x 3,5

65 018
65 018

35.)
Baureihe 66
Bauart 1′C2′ h2
Gattung Pt 36.16

Mit der Reihe 66 legte Friedrich Witte eine im Gesamtentwurf besonders gelungene leichte Mehrzwecklokomotive vor, die wegen des hohen Ausgleichs der hin- und hergehenden Massen auf Hauptstrecken sehr große Geschwindigkeiten erreichen konnte. Heimat-Betriebswerk war Gießen. Die Rollenlager in Achsen und Stangen galten als bedeutsamer Fortschritt, führten jedoch nach Schäden wegen der hohen Reparaturkosten zur frühen Ausmusterung der Lokomotiven.

Lok-Nr.	**Lieferfirma**	**Baujahr/F.-Nr.**	**Bemerkungen**
66 001—002	Henschel	1956/28 923—28 924	Henschel-Mischvorwärmer

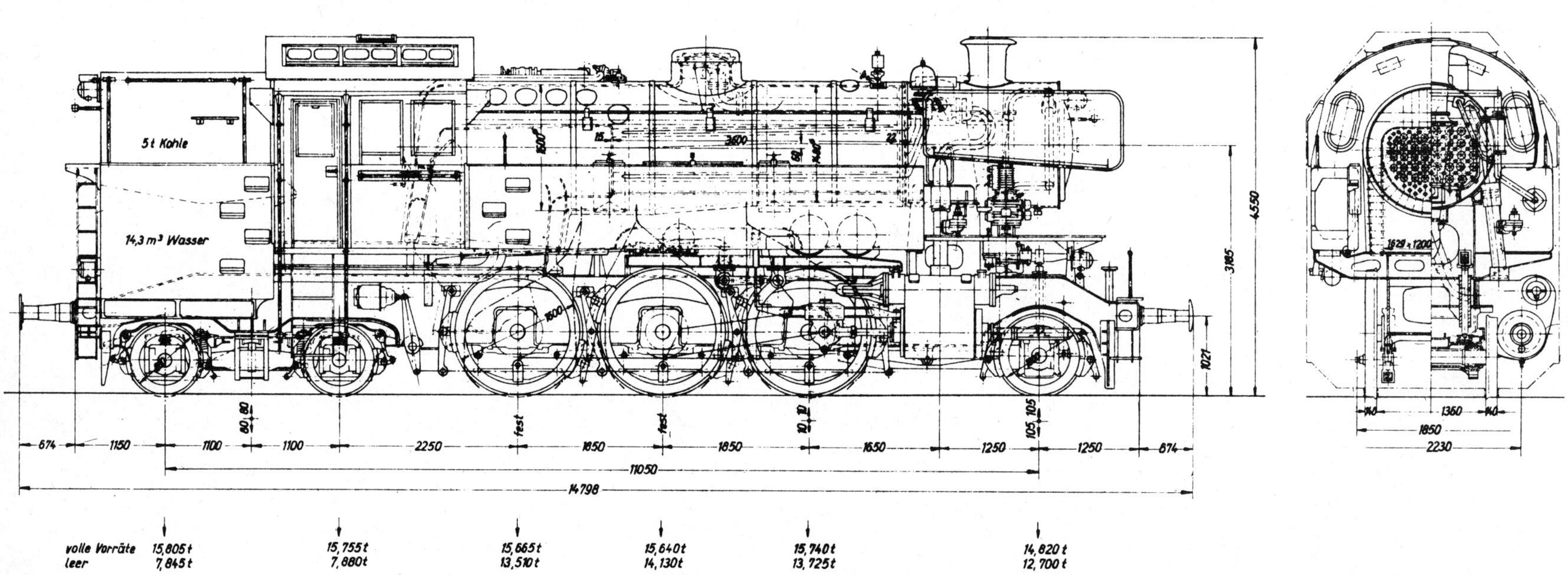

Oben: Skizzen der letzten Bundesbahn-Lokomotiventwicklung für Dampftraktion, Reihe 66 von 1956.

Rechte Seite: Neubaulokomotive der Baureihe 66, Achsfolge 1′C2′ h2. Die Maschine 66 001 wurde 1956 unter der Fabrik-Nr. 29 923 von Henschel geliefert. Schnell fahrende Tenderlok der Bundesbahn für Haupt- und Nebenstrecken.

DB
66 001

36.)
Baureihe 82
Bauart 1E h2
Gattung G 55.18

Die Reihe 82 war als schwere Rangier-, Güterzug- und Steilrampenlok konzipiert, von der binnen kurzer Zeit bereits 37 Einheiten gebaut wurden. Es handelte sich um die erste Nachkriegsentwicklung und -beschaffung der DB. Jeweils zwei Endradsätze waren mit Beugniot-Hebeln zusammengefaßt. Mehrere Loks erhielten Gegendruckbremsen.

Lok-Nr.	Lieferfirma	Baujahr/F.-Nr.	Bemerkungen
82 001—008	Krupp	1950/ 2 877— 2 884	ohne Vorwärmer
009—012	Krupp	1951/ 2 895— 2 898	Knorr-Vorwärmer
013—018	Krupp	1951/ 2 885— 2 890	Knorr-Vorwärmer
019—022	Krupp	1951/ 2 891— 2 894	ohne Vorwärmer
023—032	Henschel	1950/28 601—28 610	ohne Vorwärmer
033—037	Eßlingen	1951/ 4 969— 4 973	ohne Vorwärmer
038—041	Eßlingen	1955/ 5 125— 5 128	Henschel-Mischvorwärmer und Gegendruckbremse

An den Lokomotiven 82 001—037, welche ohne Vorwärmer gebaut wurden, erfolgte nachträglich Einbau von Henschel-Mischvorwärmern. 82 008: Umbau mit Gegendruckbremse

Unten: Skizzen der schweren Bundesbahn-Rangierlok der Reihe 82.

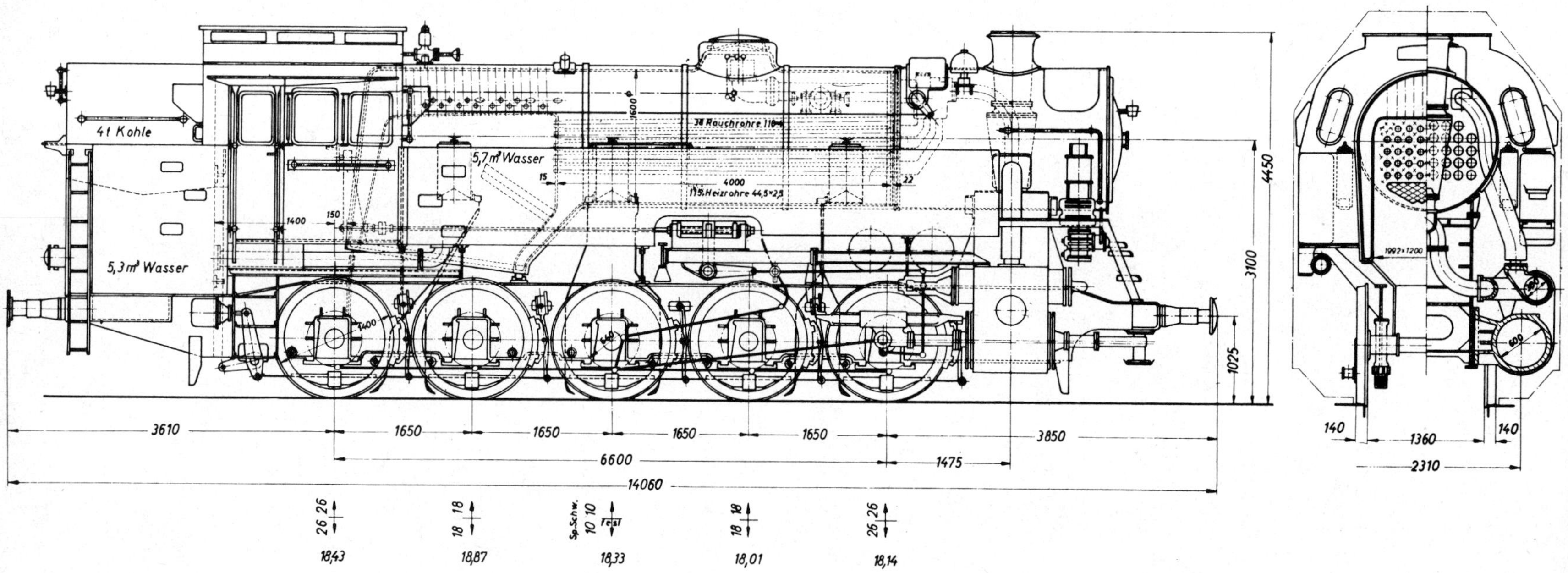

Rechte Seite oben: Neubaulokomotiven der Baureihe 82, Achsfolge E h2. Die Maschine 82 001 wurde 1950 unter der Fabrik-Nr. 2877 von Krupp geliefert. Schwere Verschiebelokomotive der Bundesbahn. Darunter: Die 82 024 wurde 1950 unter der Fabrik-Nr. 28 602 von Henschel geliefert.

Deutsche Bundesbahn
82 001

82 024
82 024

Tabelle der Hauptabmessungen

Typisierte Reichsbahnlokomotiven

Baureihe		01	01^{10}	02	02^{1}	03	03	03^{10}	05	06	24	24
Betriebsgattung		S 36.20	S 36.20	S 36.20	S 36.18	S 36.17	S 36.18	S 36.18	S 37.19	S 48.20 (19)	P 34.15	P 34.15
Bauart		2C1 h2	2C1 h3	2C1 h4v	2C1 h4v	2C1 h2	2C1 h2	2C1 h3	2C2 h3	2D2 h3	1C h2	1C h2v
Kesseldruck	atü	16	16	16	25	16	16	16	20	20	14	25
Zylinder-Durchmesser	mm	600	500	460/720	350/520	570	570	470	450	520	500	400 600
Kolbenhub	mm	660	660	660	660	660	660	660	660	720	660	660
Treibrad-Durchmesser	mm	2000	2000	2000	2000	2000	2000	2000	2300	2000	1500	1500
Verdampfungs-Heizfläche	m²	238 (247)	247	238 247	189 207	202	202	204	256	289	104	104
Überhitzer	m²	100 (84)	86	100 84	88 85	70	70	72	90	132,5	36	36
Rostfläche	m²	4,5	4,32	4,5	4,1	4,05	4,05	4,1	4,7	5,04	2,04	2,04
Leergewicht	t	98,7 (100)	102,5	103	100,3 (100,6)	90,7	90,7	96,7	114,9	131,7	52,5	53,9
Dienstgewicht	t	110 (111,3)	113,8	113,5	108,5 (109,5)	99,5	99,5	105,8	126,7	143,6	57,5	58,5
Reibungsgewicht	t	59,5 (60,3)	61	60,5	56,4	53	55,5	55,5	56,3	79,8 (75,5)	45	46
Größte Geschwindigkeit	km/h	120 130	150	120	140	130	130 (140)	150	175	140	90	90
Wasservorrat	m³	32 32,5	38	32	32	32	32	38	37	38	16 (17)	16
Kohlenvorrat	t	10 10	10	10	10	10	10	10	10	10	6	6
Tender-Leergewicht	t	33,5 33	34,3	33	32	32	32	34,3	33,1	34,3	21,5 (18,7)	21,5
Tender-Dienstgewicht	t	75,5	82,3	75,5	74	74	74	82,3	80,1	82,3	43,5 (41,5)	43,5
Bemerkungen			stromlinienverkleidet		Mitteldruck ex 04			stromlinienverkleidet	stromlinienverkleidet	stromlinienverkleidet		Mitteldruck

Typisierte Reichsbahnlokomotiven

Baureihe		41	42	43	44	44	45	50	52	61	61	62	64
Betriebsgattung		G 46.18 (20)	G 56.17	G 56.20	G 58.20	G 56.20	G 57.20 (18)	G 56.15	G 56.15	St 37.19	St 37.19	Pt 37.20	Pt 35.15
Bauart		1D1 h2	1E h2	1E h2	1E h3	1E h4v	1E1 h3	1E h2	1E h2	2C2 h2	2C3 h3	2C2 h2	1C1 h2
Kesseldruck	atü	50	16	14	14 (16)	25	20	16	16	20	20	14	14
Zylinder-Durchmesser	mm	520	630	720	600 (550)	420/680	520	600	600	460	390	600	500
Kolbenhub	mm	720	660	660	660	650	720	660	660	750	660	660	660
Treibrad-Durchmesser	mm	1600	1400	1400	1400	1400	1600	1400	1400	2300	2300	1750	1500
Verdampfungs-Heizfläche	m²	206	200	237	237	225	289	176	178	151,9	152	193	104
Überhitzer	m²	72	76	100	100	125	133	63	64	69,2	69	73	36
Rostfläche	m²	4,09	4,7	4,7	4,7	4,7	5,04	3,9	3,9	2,75	2,80	3,5	2,04
Leergewicht	t	93,2	86,5	101	103,5 (99,5)	105,3	115	78,5	77,5	99,7	110	97,6	58
Dienstgewicht	t	101,7	96	111	114 (109,9)	114,5	128,1	86,5	85,7	128,3	143,3	123,5	75
Reibungsgewicht	t	70 (78)	85	96,5	99,5 (95,2)	100	99,2 (90)	75	76,5	56	55,5	61	45,5
Größte Geschwindigkeit	km/h	90	80	70	70 (80)	80	90	80	80	175	175	100	90
Wasservorrat	m³	32,5	30	32	30 (32,5)	32	38	24	30	17	21	14	9
Kohlenvorrat	t	10	10	10	10	10	10	8	10	5	6	4,3	3
Tender-Leergewicht	t	32,8	18,7	32	28,5 (33,6)	32	34,3	23	18,7	–	–	–	–
Tender-Dienstgewicht	t	75	58,7	74	68,5 (76,1)	74	82,3	55	58,7	–	–	–	–
Bemerkungen						Mitteldruck				stromlinienverkleidet	stromlinienverkleidet		

Typisierte Reichsbahnlokomotiven

aureihe		71	80	81	84	84	85	86	87	89	99^{22}	99^{32}	99^{73}
etriebsgattung		Pt 24.15	Gt 33.17	Gt 44.17	Gt 57.18	Gt 57.18	Gt 57.20	Gt 46.15	Gt 55.17	Gt 33.15	K 57.10	K 46.8	K 57.9
auart		1B1 h2	C h2	D h2	1E1 h3	1E1 h2	1E1 h3	1D1 h2	E h2	C h2	1E1 h2	1D1 h2	1E1 h2
esseldruck	atü	20	14	14	20 (16)	20	14	14	14	14	14	14	14
linder-Durchmesser	mm	310	450	500	480 (500)	600	600	570	600	420	500	380	450
olbenhub	mm	660	550	550	660	660	660	660	550	550	500	550	400
eibrad-Durchmesser	mm	1500 (1600)	1100	1100	1400	1400	1400	1400	1100	1100	1000	1100	800
erdampfungs-Heizfläche	m²	68	70	96	210	210	193	117	117	82 (68)	96	61	80
berhitzer	m²	29	25	33	85	85	73	47	47	– (24)	33	31	29
ostfläche	m²	1,37	1,5	1,8	3,76	3,76	3,5	2,34	2,34	1,42	1,78	1,62	1,74
eergewicht	t	45,8	44,3	52	100,5	102	108	70	68	35,9	50,4	35	43
ienstgewicht	t	59	54,5	67,5	124,9	127,2	135	88,5	85,5	45	66	44	56
eibungsgewicht	t	30	54,5	67,5	90,9	92,5	100	60,5	85,5	45	50,5	32	45,5
rößte Geschwindigkeit	km/h	90 (100)	45	45	70	70	70	70	45	45	40	50	30
asservorrat	m³	7	5	8	14	14	14	9	9	4,5 (4)	8	3	5,8
ohlenvorrat	t	3	2	3	3	3	5	4	3	2	3	1,7	2,5
ender-Leergewicht	t	–	–	–	–	–	–	–	–	–	–	–	–
ender-Dienstgewicht	t	–	–	–	–	–	–	–	–	–	–	–	–
emerkungen											Spurweite 1 m	Spurweite 900 mm	Spurweite 750 mm

DB-Neubaulokomotiven

aureihe		10	23	42^{90}	50^{40}	65	66	82
etriebsgattung		S 36.20	P 35.19	G 56.18	G 56.16	Pt 47.17	Pt 36.16	Gt 55.18
auart		2′C1′ h3	1′C1′ h2	1′E h2	1′E h2	1′D2′ h2	1′C2′ h2	E h2
esseldruck	atü	18	16	16	16	14	16	14
linder-Durchmesser	mm	480	550	600	600	570	470	600
olbenhub	mm	720	660	660	660	660	660	660
eibrad-Durchmesser	mm	2000	1750	1400	1400	1500	1600	1400
rdampfungs-Heizfläche	m²	216,4	156,3	250,2*)	193,4*)	139,9	87,5	122,2
berhitzer	m²	105,7	73,8	63,5	48,8	62,9	45,1	51,9
stfläche	m²	–*)	3,12	3,90	3,05	2,67	1,96	2,39
ergewicht	t	108,9	74,6	87,6	80,4	81,2	69,8	69,7
enstgewicht	t	118,9	82,8	98,7	90,6	101,2	87,0	91,8
eibungsgewicht	t	65,6	56,0	87,1	78,4	67,6	47,1	86,8
rößte Geschwindigkeit	km/h	140	110	80	80	85	100	70
asservorrat	m³	40	31	30	26	14,0	14,3	11
hlenvorrat	t	12,5*)	8	10	8	4,8	5	4
ender-Leergewicht	t	30,3	23,0	18,7	25,5	–	–	–
nder-Dienstgewicht	t	82,3	62,0	58,7	59,5	–	–	–
emerkungen		*) Ölfeuerung		*) mit Vorwärmer	*) mit Vorwärmer			

Quellenhinweise und Literatur

Der Beitrag zur Frühgeschichte der Einheitslokomotiven von Dr. Albert Mühl wurde erstmals veröffentlicht im „Deutschen Eisenbahnfreund“, Heft 14, und im LOK-MAGAZIN, Heft 9.
Der Beitrag über die Ausmusterung der Dampflokomotive 01 001 von Dipl.-Ing. Friedrich Witte (†) wurde erstmals veröffentlicht in Heft 1/1960 der „Eisenbahntechnischen Rundschau“, Hestra-Verlag, Darmstadt.
Die Lieferlisten von Einheitslokomotiven der Deutschen Reichsbahn hat Ing. (grad.) Werner Fricke erstmals in den VdEF-Mitteilungen, Wuppertal 1963–1965, veröffentlicht.
Wir danken den Verfassern sowie Herausgebern und Verlagen der genannten Blätter für ihre freundliche Genehmigung zum Abdruck.– Bei den wiedergegebenen Fotografien handelt es sich weitgehend um Werkaufnahmen der betreffenden Lieferfirmen, die sich heute im Verkehrsmuseum Nürnberg befinden. Weitere Lichtbilder stellten die Herren D. A. Braitmaier (2), O. Maixner (1), A. Meister (1), W. Messerschmidt, K. Pierson (1) und Dr. G. Scheingraber (1) aus ihren Sammlungen zur Verfügung. Die Eigenaufnahmen von Bellingrodt, Claus, Hubert und Kreutzer sind an den betreffenden Stellen gekennzeichnet. Stetige Unterstützung gewährten die Lokomotivfabriken Jung, Thyssen Henschel und Krauss-Maffei. Typenskizzen teilweise aufgestellt vom Reichsbahn-Zentralamt Berlin (bis 1945) und vom Bundesbahn-Zentralamt Minden (ab 1945). Wiedergabe von 21 Skizzen aus dem „Leitfaden für den Dampflokomotivdienst“ von Leopold Niederstraßer (Verkehrswissenschaftliche Lehrmittelgesellschaft, Kassel) mit freundlicher Genehmigung von Verfasser und Verlag. Weitere Skizzen wurden von der Industrie zur Verfügung gestellt.

Fuchs u. Wagner: Die 2C1-Einheits-Schnellzuglokomotive der Deutschen Reichsbahn. – In: Zeitschrift des VDI 70 (1926), S. 1725.

Pieper: Lokomotivverzeichnis der Deutschen Reichsbahn, DB und DR. – 4 Bde. Krefeld 1968–1971.

Meckel: Die Entwurfsbearbeitung für die neuen Lokomotiven der Deutschen Reichsbahn unter dem Gesichtspunkte der Vereinheitlichung. – In: Organ f. d. Fortschr. d. Eisenbahnwesens 1930, Heft 6/7.

Stockklausner u. Weinstötter: 25 Jahre Deutsche Einheitslokomotive. – Nürnberg 1950.

Wagner: Die Entstehung der Dampflok-Typisierung in Deutschland. – In: Lokomotive 36 (1939), S. 3.

Witte: 25 Jahre Dampflokomotiven/Reichsbahn – Bundesbahn. – In: Glasers Annalen 74 (1950), S. 179.

CIP-Kurztitelaufnahme der Deutschen Bibliothek

Gottwaldt, Alfred B.:
Katalog der Reichsbahn-Einheitslokomotiven Dokumentation: alle Typen in Wort u. Bild / Alfred B. Gottwaldt. Mit Beitr. von Werner Fricke . . . – Stuttgart : Franckh, 1981.
ISBN 3-440-05011-4

Franckh'sche Verlagshandlung, W. Keller & Co., Stuttgart / 1981
 / Printed in Germany / Imprimé en Allemagne / LH 19 Fi
ISBN 3-440-05011-4 / Druck: Johannes Illig, Buch- und Offsetdruck, Göppingen

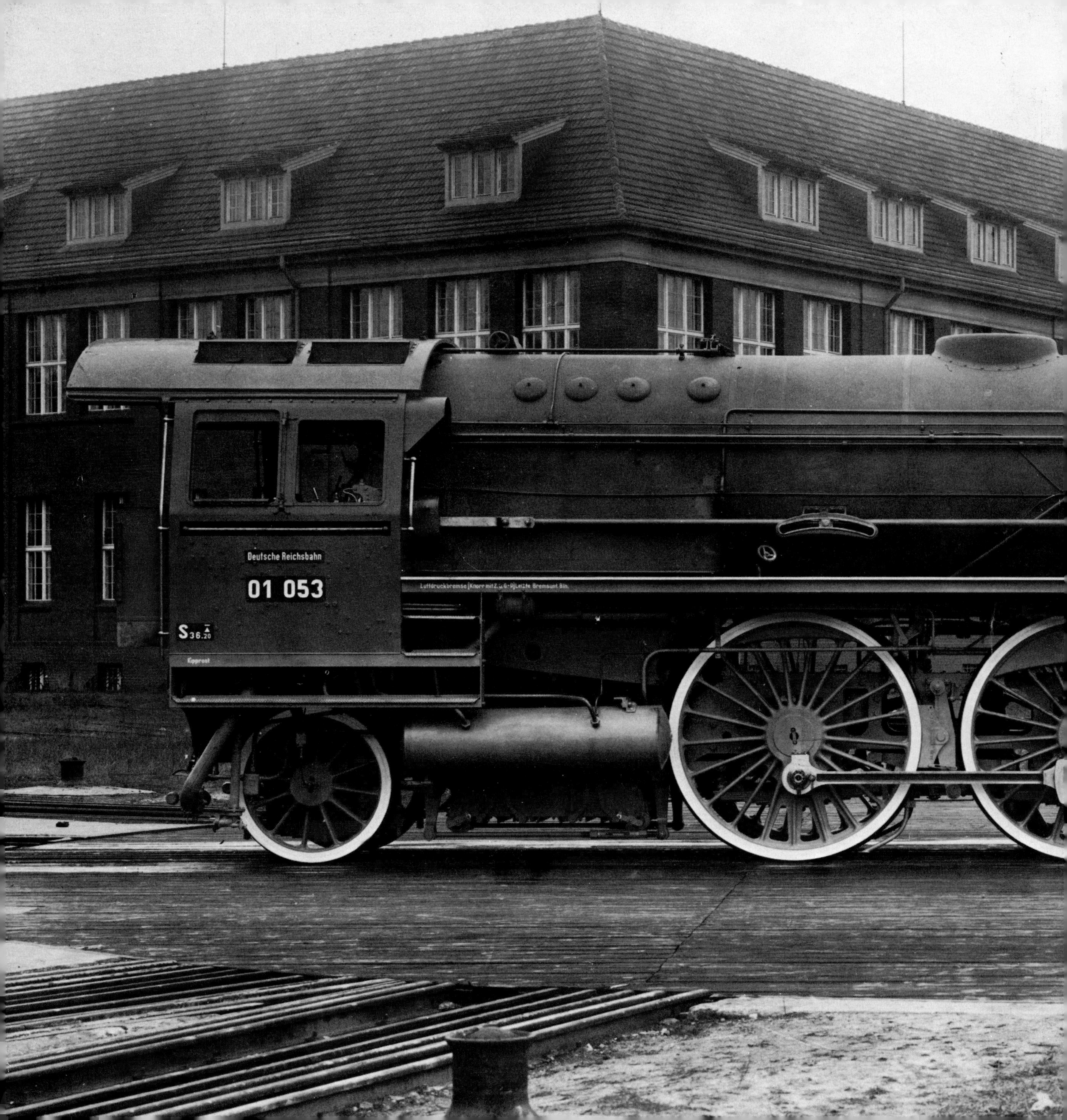
Deutsche Reichsbahn
01 053
Kipprost